起重机安全保护技术

王善樵　文　豪　编著

王　鹰　　　　　主审

中国铁道出版社

2009年·北京

内 容 简 介

　　本书主要包括绪论,起重机安全保护技术,起重机械安装安全技术、维修管理及使用以及相关标准和检定规程摘编,详细介绍了起重机安全保护技术以及相关的安全保护装置,并结合实例对起重机安全保护装置的使用、管理和维修做了讲述,对起重机操作者有较好的指导性。

　　本书适合作为起重机械操作及管理维护人员的参考用书,也可作为相关培训的教材使用。

图书在版编目(CIP)数据

起重机安全保护技术/王善樵,文豪编著. —北京:中国铁道
出版社,2009.2
ISBN 978-7-113-09631-1

Ⅰ. 起… Ⅱ. ①王…②文… Ⅲ. 起重机-安全技术 Ⅳ. TH21

中国版本图书馆 CIP 数据核字(2009)第 023633 号

书　　名:起重机安全保护技术
作　　者:王善樵　文　豪　编著

责任编辑:熊安春　聂宏伟　　　　**电话**:010-51878078
封面设计:冯龙彬
责任校对:张玉华
责任印制:金洪泽　陆　宁

出版发行:中国铁道出版社(100054,北京市宣武区右安门西街 8 号)
网　　址:http://www.tdpress.com
印　　刷:北京市兴顺印刷厂
版　　次:2009 年 2 月第 1 版　2009 年 2 月第 1 次印刷
开　　本:730 mm×988 mm　1/16　印张:9.5　字数:190 千
印　　数:1~3 000 册
书　　号:ISBN 978-7-113-09631-1/TH·140
定　　价:18.00 元

作　者　简　介

王善樵,大学文化,毕业于太原科技大学。长期从事大型起重设备的使用、大修理和超载保护装置开发的技术工作。曾先后创办葛洲坝电子仪器设备厂(兼首任厂长)和葛洲坝防腐工程公司(首任经理)。曾兼任宜昌市时代工业美术设计所所长。1993 年应邀调入三峡大学(先后任电子厂副厂长、厂长)。建设部注册监理工程师。在职高级工程师。

主持并完成长江三峡工程开发总公司委托的科研项目一项;主持并完成云南小湾水电站的科研项目一项(2006 年该项目通过湖北省科技厅组织的专家鉴定,研究成果达到国内领先水平)。

单独完成部颁规程《施工机械安全技术操作规程》第八册《塔式起重机》的编写,于 1981 年发行。

参与起草交通部部颁行业标准 2 项,参与起草交通部部门计量检定规程 2 项(初稿起草人,交通出版社出版,2004 年在全国实施)。

在全国各类专业期刊上发表专业技术论文 28 篇。主持研制的《TLX 系列起重机力矩限制器》通过宜昌市科委主持的成果鉴定,并获 1995 年《全国首届安全及节能新技术新产品展示会》产品优秀奖;单独完成国家知识产权局实用新型专利技术 2 项;合作完成实用新型专利技术 2 项。

2001 年在三峡画院举办《抚摸三峡——王善樵指墨三峡文化书画展》;设计编印《三峡大学——三峡文化指墨书画挂历》一册;合作的艺术策划案,被宜昌市委宣传部列入外宣精品计划;多幅书画作品被三峡画院收藏,被宜昌市委宣传部市文联收入"三峡书画精品库"。

文豪，太原科技大学机电学院起重运输机械教研室主任，教授，1984年太原重型机械学院起重运输机械专业本科毕业，1992年大连理工大学工程机械工学硕士，中国机械工程学会物流工程分会常务理事、起重机械专委会常务理事兼秘书长、山西省机械工程学会理事、物流工程分会秘书长，中国重机协会传动分会理事。

长期从事起重运输机械、安全工程、物流工程的教学与科研工作，主要研究方向起重运输机械、物流装备、工业制动器、起重安全装置等，先后参加省部级科研项目四项，主持和参加横向课题十余项，获省部级科技成果二、三等奖共五项，发表论文十余篇，参加起草国家行业标准编写工作二项，参编著作《GB/T 3811—2008〈起重机设计规范〉释义与应用》、《起重机械图册》、《起重机械习题集》等。

目　录

第一章　绪　　论

第一节　安全工程基本原理概述

起重机是一种间歇作业的搬运设备，用于完成重物的空间位移。从安全角度看，其特殊的功能和特殊的结构形式，使起重机和起重作业方式本身就存在着诸多危险因素，从而使起重机成为国家明文规定的特种设备的主要组成部分。因此，重点关注起重机的安全性，尤其是通过应用安全工程原理，科学合理的配置、规范起重机安全防护装置，从设计、制造、安装、使用、维护保养等环节保证起重机安全就显得尤为重要。

一、事故与安全基本概念

(一)危险、危险源及危险因素

危险是指可能导致事故或造成事故的一种现实的或潜在的条件，即可能造成人员伤害、财产损失、作业环境破坏的状态。

危险源是指危险的根源，根据能量意外释放理论，危险源即为系统中存在的、可能发生意外释放的能量或危险物质。实际工作中往往把产生能量或危险物质的能量源、物质源或拥有能量或危险物质的载体作为危险源。

危险因素是指导致事故发生的各种原因，一般是指能对人造成伤亡、对物造成突发性损坏的因素(危险因素是指突发性和瞬间作用；危害因素强调在一定范围内的积累作用)，也包括使能量或危险物质的约束、限制措施失效、破环的原因因素。

由此可见，一起伤亡事故的发生是危险源和危险因素共同作用的结果。危险源的存在是发生事故的前提条件，没有危险源就谈不上能量或危险物质的意外释放，也就无所谓事故，它往往决定了事故后果的严重程度；危险因素是事故发生的触发条件，往往是一些围绕危险源随机发生的异常现象或状态，它们出现的情况决定事故发生的可能性，危险因素出现得越频繁，发生事故的可能性就越大，可见危险即意味存在危险源和危险因素。

(二)事故及其特性

1. 事故的含义

事故是个人或集体在为实现某种意图而进行的活动过程中，突然发生的一个或一系列非计划的、违反人们意愿并迫使活动暂时或永久停止，同时可能导致人员伤害、疾病或死亡、设备或产品的损失和破坏以及危害环境的意外事件。事故的含义包括以下几方面内容：

(1)事故是发生在人类生产、生活活动中的特殊事件，人类的任何生产、生活活动过程中都可能发生事故。

(2)事故是一种突然发生的、出乎人们意料的意外事件。由于导致事故发生的原因非常复杂，往往包括许多偶然因素，因而事故的发生具有随机性、突发性、难以预测性。

(3)事故是一种迫使进行着的生产、生活活动暂时或永久停止的事件。事故中断、终止人们正常活动的进行，必然给人们的生产、生活带来某种形式的影响。因此，事故是一种违背人们意志的事件，是人们不希望发生的事件。

(4)事故这种意外事件往往还可能造成人员伤害、财物损坏或环境污染等其他形式的严重后果。

事故和事故后果是互为因果的两件事情：由于事故的发生产生了某种事故后果。但是在日常生产、生活中，人们往往把事故和事故后果看作一件事情，这是不正确的。之所以产生这种认识，是因为事故的后果，特别是引起严重伤害或损失的事故后果，给人的印象非常深刻，相应地注意了带来某种严重后果的事故；相反的，当事故带来的后果非常轻微，没有引起人们注意的时候，人们也就忽略了事故。因此，人们应从防止事故发生和控制事故的严重后果两方面来预防事故。

2. 事故的特性

事故如同其他事物一样，具有自己的特性。只有了解事故的特性，才能预防事故，减少事故的损失。事故的发生具有因果性、偶然性和必然性、潜隐性、规律性、复杂性等特点。

(1)事故的因果性：事故的发生是有原因的，事故和导致事故发生的各种原因之间存在有一定的因果关系。导致事故发生的各种原因称为危险因素。危险因素是原因，事故是结果。事故的发生往往是由多种因素综合作用的结果。因此，分析、研究各危险因素的特征、形成过程、影响事故的发生和结果的规律与途径，对预防和控制事故的发生、发展具有重要意义。

(2)事故的偶然性和必然性：事故是一种随机现象，其发生和后果往往具有一定的偶然性和随机性。同样的危险因素，在一些条件下不会引发事故，而在另一些条件下则会引发事故，即事故的发生与否具有偶然性；同样类型的事故，在不同的场合会导致不同的后果，即事故的后果也具有偶然性。事故的偶然性是由于人们对事故的发生、发展规律还没有完全认识清楚，但偶然之中肯定会存在其必然的规律性，即事故又会同时表现出其必然性的一面，即从概率角度来分析，危险因素的不断重复出现，必然会导致事故的发生，事故的发生服从统计规律，任何侥幸心理都可能导致严重的后果。

(3)事故的潜隐性:事故尚未发生和造成损失之前,各种事故征兆是被掩盖的,似乎一切处于"正常"和"平静"状态,人们不能确定事故是否会发生,这就是事故发生所具有的潜隐性,即危险有害因素在导致事故发生之前实际上是处于潜隐状态的,因此,预防事故的发生主要是消除事故的根源——危险有害因素。

(4)事故的规律性:事故的发生具有一定的规律性,表现在事故的发生具有一定的统计规律以及事故的发生受客观自然规律的制约。承认事故的规律性是人们研究事故规律的前提;事故的规律性也使人们预测事故发生并通过采取措施预防和控制同类事故成为可能。

(5)事故的复杂性:事故的复杂性表现在导致事故的原因往往是错综复杂的;各种原因对事故发生的影响(即在事故形成中的地位)是复杂的;事故的形成过程及规律也是复杂的。事实上,现有的研究成果已表明了事故本身就是一种复杂现象。

(三)安全与系统安全

1. 安全定义

所谓安全,就是在人们的生产、科学实验、生活乃至一切活动的过程与结果中都不发生人身伤害、物资损失和生态与环境破坏的状况。安全又是与危险相对立的概念,其基本含义包括两个方面:一是预知危险,二是消除危险,二者缺一不可;或者说,安全是对能量和危险物质进行了完全的约束。从广义来讲,安全是预知人类活动各个领域里存在的固有的或潜在的危险,并且为消除这些危险所采取的各种方法、手段和行为的总称;安全的本质含义是告诉人们怎样去认识危险和防止灾害;安全不仅是一种目的,更应该是一种手段,强调后者突显在安全工作中人的积极主动性。

2. 系统安全

安全具有系统性,因而起重机安全一定是一种系统安全。所谓系统安全,是指在系统使用期限内,应用安全科学的原理和方法,分析并排除系统内容要素的缺陷及可能导致灾害的潜在危险,使系统在操作效率、使用期限和投资费用等方面均达到最佳安全的状态。

二、事故致因理论

事故致因理论是研究事故发生原因,从而由此找到防止事故发生的方法和对策的理论,也就是从因果关系上阐明引起事故的本质原因,说明事故的发生、发展和后果。事故致因理论(模式)对于人们认识事故本质,指导事故调查、事故分析、事故预防及事故责任者的处理有重要作用,必须认真加以重视。事故致因理论是在一定的生产力发展水平下的产物,在生产力发展的不同阶段,人们通过大量典型事故的研究、对事故发生原因、演变规律和模式的认识不断深化,从而先后形成多种有代表性的事故致因理论。

1. 海因里希事故因果连锁理论

海因里希事故因果连锁理论的核心思想是:伤亡事故的发生不是一个孤立的事件,而是一系列原因事件相继发生的结果,即伤害与各原因之间具有连锁关系。海因里希提出的事故因果连锁过程包括如下 5 种因素:

(1)遗传及社会环境(M):遗传及社会环境是造成人的性格上缺点的原因。遗传因素可能使人具有鲁莽、固执、粗心等不良性格;社会环境可能妨碍人的安全素质培养,助长不良性格的发展。这种因素是因果链上最基本的因素。

(2)人的缺点(P):是指由于遗传及社会环境因素所造成的人的缺点。人的缺点是使人产生不安全行为或造成物的不安全状态的间接原因。这些缺点既包括诸如鲁莽、固执、易过激、神经质、轻率等性格上的先天缺陷,也包括诸如缺乏安全生产知识和技能的后天不足。

(3)人的不安全行为和物的不安全状态(H):这二者是造成事故的直接原因。海因里希认为,人的不安全行为和物的不安全状态是造成事故的主要原因。

(4)事故(D)。事故是一种由于物体、物质和放射性等对人体发生作用,使人身受到或可能受到伤害的、出乎意料的、失去控制的事件。

(5)伤害(A):是指直接由事故产生的人身伤害,也是事故的结果。

对于上述事故因果连锁关系,可以用图 1-1 中的 5 块多米诺骨牌来形象地加以描述。如果第一块骨牌倒下(即第一个原因出现),则发生连锁反应,后面的骨牌相继被碰倒(相继发生)。如果因果连锁中的一块关键骨牌(H)被移去,则连锁反应中断,不会引起后面骨牌的倒下,即事故过程不能连续进行。海因里希最早提出了人的不安全行为和物的不安全状态的概念,并提出企业安全工作的中心就是移去中间的骨牌(H),即采取防止人的不安全行为和消除物的不安全状态的措施,从而中断事故连

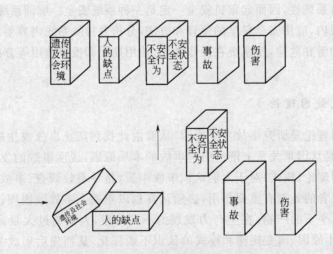

图 1-1　海因里希事故因果连锁示意图

锁的进程，避免伤害发生。海因里希的理论曾被称做"工业安全公理"。

2. 能量意外释放理论

1961年吉布森（Gibson）、1966年哈登（Haddon）等人提出了解释事故发生物理本质的能量意外释放论。

能量在人类的生产、生活中是不可缺少的，能量意外释放论的出现是人们对伤亡事故发生的物理实质认识方面的一大飞跃。该理论提出了一种新概念：事故是一种不正常的或不希望的能量释放；各种形式的能量的意外释放构成伤害的直接原因。能量意外释放论阐明了事故发生的物理本质：预防伤害事故就是防止能量或危险物质的意外释放，防止人体与过量的能量或危险物质接触；人们要经常注意生产过程中能量流动、转换，以及不同形式能量的相互作用，防止发生能量的意外逸出或释放。我们把约束、限制能量，防止人体与能量接触的措施叫做屏蔽。这是一种广义的屏蔽。

在工业生产中经常采用的防止能量意外释放的措施主要有以下几种：
①用安全的能源代替不安全的能源。②限制能量。③防止能量蓄积。④缓慢地释放能量。⑤设置能量屏蔽设施。⑥在时间或空间上把能量与人隔离。

3. 人—机轨迹交叉理论

近十几年比较流行的是人—机轨迹交叉理论。该理论的基本思想是：伤害事故的发展进程是许多相互联系的事件顺序发展的结果。这些事件概括起来不外乎是人的危险因素（人的不安全行为）和物的危险因素（物的不安全状态）。当人的危险因素的运动轨迹和物的危险因素的运动轨迹在各自独立的发展过程中顺序延伸，其轨迹如在时间、空间上相接触（交叉）时，就会发生事故。轨迹交叉论作为一种事故致因理论，强调人的因素、物的因素在事故致因中占有同样重要的地位。按照该理论，可以通过避免人与物两种危险因素运动轨迹交叉，即避免人的不安全行为和物的不安全状态同时、同地出现，来预防事故的发生。

形成人的不安全行为的主要原因有：
（1）人的生理、遗传、经济、文化、培训等方面的原因。
（2）生理和心理状况、知识和技能情况、工作制度、人际关系等原因。
形成物的不安全状态的主要原因有：
（1）设计、制造、标准缺陷等方面的基础原因。
（2）维护、保养、使用等方面的管理原因。

三、安全工程原理

（一）事故预防原理

综上所述可知，引起事故的危险是可预知的和可消除的，即事故是可以预防的。通过技术手段和管理手段，防止人的不安全行为和消除物的不安全状态，使事故发生的概率降到最低。这就是事故的预防原理。事故预防原理为起重机安全工作的开展指明了方向。

(二)事故预防机理

为了有效地预防事故发生,人们可以采取或同时采取以下四种方式:

①约束人的不安全行为。②消除物的不安全状态。③同时约束人的不安全行为和消除物的不安全状态。④采取隔离保护措施,使人的不安全行为与物的不安全状态不相联。

(三)强制原理

从事故特性(因果性、偶然性和必然性、潜隐性、规律性、复杂性)以及人"冒险"心理的作用和事故损失的不可挽回性考虑,安全工作必须具有强制性。安全的强制性原理主要体现为:安全第一原则和安全监督原则。

(四)安全工程原理

起重机安全工程原理主要体现为:安全第一原则、预防为主原则、安全监督原则和科学技术管理原则。

第二节　事故预防安全技术措施

一、危险控制技术

(一)危险控制技术的目标

由安全工程原理可知,预防事故就是消除或控制危险,通过危险控制,在现有的技术水平上,以最少的消耗达到最优的安全水平。危险控制技术可以实现以下三个目标:

1. 控制事故的发生:设法消除事故原因,形成本质安全系统,即:消除和控制危险源;防护和隔离危险源;保留和转移危险源。

2. 控制事故的次数:降低事故发生频率。

3. 控制事故的后果:减少事故的严重程度和每次事故的经济损失。

(二)危险控制的分类

危险控制有宏观控制和微观控制两类。

宏观控制是以整个系统作为控制对象,运用系统工程的原理,对危险进行控制。所采用的手段主要有:法制手段(政策、法令、规章)、经济手段(奖、罚)和教育手段(长期的、短期的、学校的、社会的)。

微观控制是以具体的危险源为对象,以系统工程的原理为指导,对危险进行控制。所采用的方法主要是工程技术手段和管理手段,随着控制对象的不同,措施也完全不同。

宏观控制和微观控制互相依存,互为补充,互相制约,缺一不可。

从设计角度讲,微观控制主要体现在工程技术上,危险微观控制技术有 6 种具体方法,按措施等级顺序分别为消除危险、预防危险、减弱危险、隔离危险、危险联锁、危险警告。

（三）危险微观控制技术

1. 消除（根除）危险

避免事故发生最根本的方法是消除（根除）危险,消除危险也就是通常所说的实现本质安全,即接近"完全"安全的状态,可通过合理的工程技术设计,如采用无害工艺技术、以无害的物质代替有害的物质、实现自动化作业等,从根本上消除危险或将危险限制到没有危害的程度来达到根本的安全。在一个本质安全的系统中,甚至人为差错也不会导致事故发生,因为它不存在会导致事故发生的危险状况。本质安全原理的应用大部分是在电器系统;由于机械系统通常包含有可能使人员受到伤害和设备器材受到损坏的运动部件,故其本质安全较难达到。例如,在机械系统中,保护装置和隔挡板不能使得一台设备是本质安全的,危险的状态仍然存在,人员也可能移动了保护装置和隔挡板,使自己处于危险之中;但有的设计技术可用于要求本质安全的机械系统,例如风扇或搅拌装置的叶片可由非常轻的材料制成,在碰到手指或人体的其他部位时易碎。

2. 预防危险

当消除危险有困难时,可采取预防性技术措施,预防危险发生,如使用安全系数、漏电保护装置、安全电压、熔断器等。

（1）安全系数

采用安全系数来尽量减少结构和材料的故障是一种古老的方法,就是使结构或材料的强度远大于可能承受的应力的计算值,这样就可以减少因设计计算错误、未知因素、制造缺陷及老化等原因造成的故障。

（2）故障—安全设计（Fail-Safe）

所谓的故障—安全设计,就是通过精心的技术设计,在系统的一部分发生故障或破坏时,系统会自动启动各种安全保护措施,部分或全部中断生产,或使系统处于低能量状态,防止能量意外释放,从而保证系统安全。如电气系统中的熔断器和压力系统的卸压阀就是典型的故障—安全设计。

采用故障—安全设计的基本原则是:首先保证故障发生后人员的安全;其次是保护环境避免灾难事件的发生;然后是防止设备损伤;最后是防止使用等级降低或机能丧失。考虑到故障—安全设计本身可能使系统因故障而不能运行,故不应优先采用。

故障—安全设计有三种方案:

①故障—安全消极设计:故障发生后,使系统停止工作且处于最低能量等级的状态,系统在采取纠正措施前不能运转,如电路保险丝的应用。

②故障—安全积极设计:故障发生后,在采取纠正措施前,系统会自动处于带有

能量的安全工作状态之下,如系统设备的冗余设计。

③故障—安全可工作设计:故障发生后,系统能够实现在线更换故障部分,使系统能够继续正常工作,如锅炉的缺水补水设计。

(3)故障最小化

由于故障—安全设计可能会过于频繁地阻断系统的运行、中断过程或操作,以至于故障—安全设计并非总是最优的目标,而故障最小化可作为设计的优选目标之一。为尽量减少导致事故的设备故障或人为差错,故障最小化通常采用下列 5 种主要的方法:

①降低故障率,提高系统可靠性。在可靠性工程中采用降低额定值和冗余设计的方法来减少故障。冗余的对象可以是元件、部件、设备或系统。常见的冗余方式有关联冗余、备用冗余等。关联冗余是指附加的冗余部件与原有的元部件同时工作;备用冗余是指冗余元部件通常处于备用状态,当原有元部件发生故障时才投入使用。

②在线安全监测监控体系。在生产过程中,利用安全监控系统对某些危险参数(如温度、振动、压力、重量等)进行持续的监控,以确保其保持在规定的限度内;如果表现出不正常的特征,则可立即采取纠正措施,以控制这些参数不达到危险水平而避免事故。

③设备修复和报废。

④增大安全系数或安全阈。

⑤告警。大多数类型的告警都是向有关人员报告设备危险状况、存在问题或其他注意事项,避免使用人员做出可能导致事故的错误决策。

3. 减弱危险

在无法消除和预防危险时,可采取减弱危险的措施。如局部通风排毒装置、以低毒物质代替高毒物质、降温措施、避雷装置、消除静电装置、减振装置、消声装置等。

(1)能量缓冲装置

能量缓冲装置可以保护人员、材料和灵敏设备免受冲击的影响。例如座椅安全带、缓冲器等。

(2)薄弱环节设计(接受微小损失)

利用事先设计好的、系统内的薄弱环节使能量或危险物质在出现危险状况时,按照人们的意图释放,防止能量或危险物质作用于被保护的人或物。一般情况下,即使设备的薄弱环节被破坏了,也可以较小的代价避免大的损失,如熔断器、泄压孔等。

4. 隔离危险

在无法消除、预防、减弱危险的情况下,应将人员与危险源从时间和空间上隔开以及将不能共存的物质隔开,防止两种或两种以上危险物质相遇,减少能量积聚或发生反应事故的可能性。如遥控作业、安全罩、防护屏、隔离操作室、安全距离、事故发生时的自救装置(防毒服、防护面具)等。另外,隔离措施包括空间上的分离措施和物理屏蔽措施两种,分离是指空间上的分离,屏蔽是指应用物理的屏蔽措施进行隔离,它比空间上的分离更可靠,因而最为常见。

(1)实物隔离

实物隔离常用作尽量减少事故中能量猛烈释放而减少损伤的一种方法。实物隔离技术有距离(远离)、偏向(导向或缓冲)和遏制或屏蔽(封闭)。远离是把可能发生事故、释放出大量能量或危险物质的工艺、设备或设施在位置上布置在远离人群或被保护的地方;缓冲是采取措施引导偏向或吸收能量或减轻能量的伤害破坏作用;遏制封闭是空间上与意外释放的能量或危险物质割断联系,利用封闭措施可以控制事故造成的危险局面,限制事故的影响。这些技术可限制始发的不希望事件的后果对邻近人员的伤害和设备、设施的损伤。

(2)人员(个体)防护设备

采用人员(个体)防护设备也是一种安全隔离措施,它向使用人员提供有限的可控环境,把人体与危险环境隔离。个体防护主要用于下面三种情况:

①用于计划的有危险的作业。由于危险因素不能根除,所以一旦发生事故就会危及人体的情况下必须使用个体防护。但是应该避免个体防护用品替代根除或控制危险因素的设计或安全规程。

②用于进入危险区域进行调查和纠正。为调查和消除危险状态而进入危险区域时应佩戴个体防护用品。

③用于应急情况。对应急情况下使用的个体防护器具,在设计、使用、功能等方面应满足易穿戴、使用简单,具有高可靠性和可防止多种危险,具有防失误设计等原则。

(3)逃逸设计和营救

逃逸和营救实际上也是一种隔离措施,是使人员与危险隔离。"逃逸"和"求生"是指人们使用本身携带的资源进行自身救护所作的努力,"营救"是指其他人员救护在紧急情况下受到危险的人员所作的努力。

5. 危险联锁

危险联锁包括闭锁、锁定和联锁。闭锁、锁定和联锁是一些最常见的安全性措施,它们的功能是防止不相容事件的发生,防止在不正确的时间上发生或以错误的顺序发生。当操作者失误或设备运行一旦达到危险状态时,通过联锁装置可终止危险的进一步发展。为了确保隔离措施发挥作用,有时采用联锁措施;但是,联锁措施本身并非隔离措施。联锁是最希望用的安全装置之一,特别是在机电设备上,应用情况如下:

（1）存在可能的意外事件时。

（2）存在危险状况时。

（3）存在操作顺序时。

6. 危险警告

警告或告警，作为一种尽量减少事故或故障的方法，用于向危险范围内人员通告危险、设备问题和其他值得注意的状态，以使有关人员采取纠正措施，避免事故的发生。

有多种方法可向有关人员发出警惕性告警信号。

（1）视觉告警

如发光、辨别、信号灯、旗子和飘带、标志、标记、符号、告警词语等。

（2）听觉告警

听觉告警是常和视觉告警并用的一种危险警告形式，在工作环境恶劣的情况下，单有视觉告警是不充分的，危险范围内人员由于高强度的工作，可能注意不到在视觉范围内的视觉信号；另外，人员也可能常常看不见视觉告警的发生位置；虽然视觉能见的距离大于听觉听到的距离，但听觉在其作用距离内的反应可能更为有效，警报器就是一个极好的示例。

（3）嗅觉告警

（4）触觉告警

（5）味觉告警

二、防止事故发生（消除物的不安全状态）的技术措施

防止事故发生的安全技术的基本目的是采取措施约束、限制能量或危险物质的意外释放。

1. 根除、限制或减少危险因素

根除危险因素就是实现本质安全化，从根本上防止事故的发生，这是应优先考虑的技术措施。当危险因素在现有条件下还不能被根除、或有时很难被消除，这时应该设法采取相关措施限制或减少它，使它不能造成伤害或损失。为了根除、限制或减少危险因素，首先必须识别危险因素，评价其危险性，然后才能有效地采取措施。必须注意，有时采取的安全技术可以根除或限制一种危险因素，却又带来另外一种危险因素。

2. 隔离、屏蔽和联锁

常见的隔离屏蔽措施如下：

（1）各种隔热屏蔽把人或物与热源隔离；

（2）利用防护罩、防护网防止外界物质进入，以免受到污染或卡住重要的控制器，堵塞孔口或阀门；

（3）在放射线设备上安装防护屏，抑制辐射；

（4）利用防护门、防护栅栏把人与危险区隔开；

（5）利用限位器防止机械部位运动等。

联锁类型主要有：

（1）安全防护装置与设备之间联锁，如制动器与电动机联锁等。

（2）防止错误操作、操作顺序错误和设备故障造成的不安全状态。常见的类型有：限位开关、锁、运动联锁、双手控制、顺序控制、定时及延时、光电联锁等。

3. 故障—安全设计（Fail-Safe）

4. 故障最小化

通过减少故障、隐患、偏差、失误等各种事故征兆，使事故在萌芽阶段得到抑制。

5. 矫正行动

通过矫正人的不安全行为（人失误）来防止出现物的不安全状态。

三、避免事故与减少损失的安全技术措施

减少事故损失安全技术的目的，是在难以做到完全消除危险、事故由于种种原因没能控制而将要发生的情况下，设法限制潜在的危险等级，使其不至于导致伤害和损伤，减少事故严重后果。选取的优先次序如下：

1. 隔离。

2. 薄弱环节设计（接受微小损失）。

3. 人员（个体）防护设备。

4. 逃逸设计和营救。

四、防止人失误（人的不安全行为）的技术措施

人失误是指人的行为结果偏离了规定的目标或超出了可接受的界限，并产生了不良的后果。一般来讲，人的不安全行为是操作者在生产过程中直接导致事故的人失误，人的不安全行为就可以看作一种人失误，是人失误的特例。

由于导致人失误的因素非常复杂，防止人失误是件非常困难的工作，需要从许多方面采取措施。单纯依靠教育、训练来防止人失误，所能取得的效果是有限的，必须尽可能地采取技术措施防止人失误。

从预防事故角度，可以从以下三个阶段采取技术措施防止人失误。

（1）控制、减少可能引起人失误的各种因素，防止出现人失误。

（2）在一旦发生人失误的场合，使人失误无害化，不至于引起事故。

（3）在人失误引起事故的情况下，限制事故的发展，减少事故的损失。

一般地，可以具体采取以下几方面技术措施。

1. 用机器(或装置)代替人。

一般机器的故障率在 $10^{-4} \sim 10^{-6}$ 之间,而人的失误率一般在 $10^{-2} \sim 10^{-3}$ 之间,与人相比,机器运转的可靠性较高,其故障率远远小于人的故障率,因此在人容易失误的地方,用机器(或装置)代替人操作,既可提高工效减轻劳动强度,又可以有效地避免或减少人失误,但应注意人机功能合理分配问题。另外,由于人具有机器不可取代的一些特性,完全用机器代替人是不可能的,也是不现实的;同时,机器的设计、维修、保养总是离不开人的参与,所以,只能用机器部分地代替人。

2. 冗余系统。

冗余系统是把若干元素附加于系统基本元素上来提高系统可靠性的方法,附加上去的元素称为冗余元素,含有冗余元素的系统称为冗余系统。采用冗余系统是提高系统可靠性的有效措施,也是提高人的可靠性、防止人失误的有效措施。防止人失误的冗余系统主要是并联的系统,其方法主要有:两人操作,人机并行,机机并行,审查等。如人机并行系统,人的缺点由机器来弥补,机器发生故障时由人员发现故障并采取适当措施来克服。

3. 防失误(Foolproof)设计。

防失误设计是用来保证人员正确操作的设计,是通过精心地设计使得人员不能发生失误或者发生了失误也不会带来事故等严重后果的设计。一般采用如下几种形式:

(1)利用不同的形状或尺寸防止安装连接操作失误。

(2)用联锁装置防止人失误操作。

(3)采用紧急停车装置。

(4)采取强制措施使人员不能发生操作失误。

(5)采用联锁装置使人失误无害化。

4. 人与机器、设备、工具、作业环境符合安全人机工程要求。人、机、环境匹配问题主要包括机器的人机学设计,人、机功能的合理分配及生产作业环境的人机学要求等。

5. 警告措施。

在容易发生人失误的场合,设置警告装置,提醒人员注意,包括视觉警告、听觉警告、气味警告、触觉警告等。

第三节　实现机械安全的技术途径

机械安全是从人的需要出发,在使用机械的全过程的各种状态下,达到使人的身心免受外界因素危害的存在状态和保障条件。机械的安全性是指机器在按照预定使用条件下,执行预定功能,或在运输、安装、调整等时不产生损伤或危害健康的能力。

一、机械系统本质安全化设计

(一)机械系统本质安全化概念

广义的机械系统实质就是一个完整的人—机(物、环境)系统,人、机(物、环境)及相互关系构成了机械安全的三要素,三要素中的任一要素自身即能独立地成为实现安全的充分条件,而最能体现本质安全化(intrinsic safety)思想的地方主要集中在:

① 系统的安全性靠系统自身而不是系统外附加的安全装置与措施来保证;②构成该系统的人对机、物、环境的良好适应性;③尤其是机(物、环境)对人的适应性上,即使人出现了失误与误操作,机(物、环境)也能自动避免事故灾害的发生,保障生命、财产的安全。这种关系可用图1-2予以形象表示。

图1-2　机械系统的本质安全化技术模型

(二)机械系统本质安全化设计

机械系统安全的源头是设计,机械系统安全的实现应考虑其"寿命"的各阶段,包括设计、制造、安装、调整、使用(设定、示教、编程或过程转换、运转、清理)、查找故障和维修、拆卸及处理;应考虑机器的各种状态,包括正常作业状态、非正常状态和其他一切可能的状态。然而,在现实的生产、生活中不可能做到绝对的本质安全化,能做到的只能是与现实社会、科技、经济等发展水平相适应的相对的本质安全化。

1. 树立牢固的本质安全化设计理念(思想)

技术和管理人员以及其他相关人员经良好的安全教育、训练,从而具有良好的安全生理、心理、知识、技能与应急应变反应能力的综合素质,同时具有完善的人身防护技术与装备。

2. 采用本质安全化设计技术与动力源

机械设备系统的结构组成具有与功能匹配的合理构造和足够的抗破坏能力,使用本质安全的动力源,限制相关危险因素的物理量,确保足够的安全距离以及完备的安全及冗余设计,提高机械的可靠性。

3. 材料和物质的本质安全性

生产和使用过程所涉及的原料、中间体、产品等物质具有良好的安全性能,避免选用潜在危险性或性能不明的物质。

4. 本质安全的工艺过程

工艺过程无害化、安全化;工艺布置可以阻断、隔离危险的发展与继续、避免事故及损失。

5. 设计本质安全的操纵控制系统

包括：起动和变速的实现方式、可编程软件的安全保护、特定操作模式的选择、重新起动的原则、紧急制动装置、遥控或自动监控系统等。

6. 设计和建立可靠有效的安全防护系统

所用机械设备具有完备的安全及冗余设计、安全装置、安全指示、报警、联锁、排出等机构，且功能明确，可靠性高；即使系统出现了故障，也不会导致事故；安全防护的重点是机械的传动部分、操作区、高处作业区、机械的其他运动部分，以及某些机械由于特殊危险需要特殊防护的区域等。

7. 履行安全人机工程的设计要求

创造能最充分发挥人、机、物正常功能的"舒适"环境条件，包括光线、温度、湿度、通风、噪声、活动空间等；还要考虑雷雨、风暴、地震、洪水、山火等不正常时的安全措施；另外还需兼顾相关人员的心理因素影响。

8. 科学而严密的安全管理设计

包括：实时在线测试与监控系统、良好的修复与更换设计、完善和清晰的信号警告装置、标志以及完备的安全使用维护随机文件，达到人、机（物、环境）全系统最佳的动态协调。

二、机械安全技术的根本原则

（一）由设计者采取的安全技术措施

这些安全技术措施包括直接安全技术措施、间接安全技术措施、指示性安全技术措施和附加预防技术措施。

1. 本质安全化——直接安全技术措施

直接安全技术措施指在机械的功能设计中采用的，不需要额外的安全防护装置而直接把安全问题解决的措施，本质安全技术是机械设计优先考虑的措施。

2. 安全防护——间接安全技术措施

直接安全技术措施不能或不完全能实现安全时，必须在生产设备总体阶段设计出一种或多种专门用来保证人员安全的装置。

3. 使用信息——指示性（说明性）安全技术措施

本质安全技术和安全防护都无效或不完全有效的那些风险，可通过使用文字、标记、信号、符号或图表等信息，向人们做出说明，提出警告，并将遗留风险通知用户。

4. 附加预防技术措施

附加预防技术措施主要用在两个方面，一是对着眼紧急状态的预防措施，如急停装置、陷入危险的躲避和援救保护措施；二是附加措施，如机器的可维修性、断开动力源和能量泄放措施，机器及其重型部件容易而安全的搬运措施、安全进入（出）机器的措施、机器及其零部件稳定性措施等。

（二）由用户采取的安全管理措施

由用户采取的安全管理措施包括个人劳动防护用品、作业场地与工作环境的安全性以及工作安全管理措施。

（三）设计者与用户关系原则

由用户采取的安全管理措施对减小设计的遗留风险是很重要的,但是这些管理措施与技术措施相比,可靠性相对较低,不能用来代替在设计阶段采取的消除危险、减小风险的措施。

（四）应用安全技术措施的顺序原则

机械安全的源头是设计,机械系统的复杂性决定了实现消除某一危险和减少某一风险往往需要采用多种措施,每一种措施都有各自的适用范围和局限性。采取安全技术措施应遵照以下原则:

1. 安全先于经济,当安全技术措施与经济或其他利益发生矛盾时,应优先考虑安全的要求。

2. 设计先于使用,设计阶段的安全技术措施应优先于由用户采取的管理措施,设计是机械安全的源头。安全决策应在机械的概念设计或初步设计阶段确定,以避免将危险遗留在使用中。

3. 设计缺陷不可用信息弥补,使用信息只起提醒和警告的作用,不能在实质上规避风险,因此,不得以信息代替应由设计的技术手段来解决安全问题。

4. 设计措施不能留给用户,当由设计阶段采用的技术措施无效或不完全有效时,其遗留风险可通过使用阶段采用补救安全措施来满足。但必须注意:应由设计阶段采用的安全措施,决不能留给使用阶段由用户去解决。

5. 选择安全技术措施的顺序,应按采用直接安全技术措施、间接安全技术措施、指示性安全技术措施和附加预防技术措施的顺序进行。

三、机械安全防护原理

（一）安全防护装置

1. 安全防护装置概念

机械系统的安全防护是从人—机（物、环境）系统的安全需要出发,针对相关危险因素可能导致的人员伤害、设备损坏、环境污染等,而采用的一些专门技术措施或配套设施来实现的。

常见的安全防护技术措施有:防护装置和安全装置,有时也统称为安全防护装置。安全防护的重点是机械的传动部分、操作区、高处作业区、机械的其他运动部分,以及某些机械由于特殊危险需要特殊防护的区域等。究竟采用安全装置还是采用防护装置,或者二者并用,设计者要根据具体情况而定。

2. 防护装置

防护装置是指通过设置物体障碍的方式(如壳、罩、屏、门、盖、栅栏、封闭式装置等)将人与危险隔离,从而确保安全的装置。防护装置可分为固定式、活动式两种。

防护装置的功能:一是防止人体任何部位进入机械的危险区或触及各种运动零部件;二是防止飞出物击打或高压液体的意外喷射;三是屏蔽可能由机械内脱落、抛甩的零件或破坏的碎片等;四是在某些特殊场合,防护装置还应对与特殊作业相关的危险因素(如电、高温、火爆、振动、放射物、粉尘、烟雾、噪声等)起阻挡、隔绝、密封或屏蔽的作用。

3. 安全装置

安全装置是指通过其自身的结构功能限制或防止机器的某些危险运动,或限制其某些危险因素(如运动速度、压力、载荷等),消除或减小机械伤害风险的单一装置或与防护装置联用的机构(或装置)。

由于安全装置是通过自身的结构功能,限制或防止机器的某种危险,因此,不同类型的机器,其危险形式不同,则抑制或阻断特定危险的安全装置也不同;即使是针对同一种危险也可能采用不同原理结构的多种形式的安全装置;安全装置往往就是一台小机器,应满足机器安全的一般技术要求。常见的安全装置有:联锁装置、双手操作式装置、自动停机装置、限制各种危险物理量(运动速度、重量、压力、温度、行程、能量等)的装置等。

(二)安全防护装置的设置原则

机械系统内可能导致人员面临安全风险的所有危险区域及危险因素,都应采取安全防护技术措施。其典型设置原则如下:

1. 以人员操作位置站立的平面为基准,凡高度在 2 m 以内的各种运动零部件应设安全防护。

2. 以人员操作位置站立的平面为基准,凡高度在 2 m 以上的物料传输装置、带或链传动装置以及有施工机械施工处的下方,应设置安全防护。

3. 凡在距离坠落面的高度超过 2 m 以上的作业位置,应设置安全防护。

4. 运动部件有行程距离要求的,为防止因超行程应设置可靠的限位装置。

5. 对可能因超负荷发生部件损坏而造成伤害的,应设置负荷限制装置。

6. 有惯性冲撞运动的部件应配备限速和缓冲装置,防止因惯性而造成的伤害事故。

7. 运动中可能松脱的零部件应采取有效技术措施加以紧固和安全防护。

8. 每台机械都应设置紧急停机装置,使已有的或即将发生的危险得以避开。

(三)安全防护装置的一般技术要求

安全防护装置的基本功能是确保安全,但在减轻操作者及周围人的精神压力的同时,也很容易使人们形成心理依赖而放松警觉性,因此,它的有效和可靠与安全密切相关。假如安全防护装置失效,不仅装置个体形同虚设,对系统来说甚至比不设置更危险。为此,安全防护装置必须确保满足与其保护功能相适应的安全技术要求:

1. 结构形式和布局形式合理,具有切实的保护功能,确保人体不受到伤害。

2. 结构要坚固耐用,不易损坏;安装可靠,不易拆卸。

3. 不增加任何附加危险,不应成为新的危险源。

4. 不容易被旁路或避开,不应出现漏保护区。

5. 满足安全距离的要求,使人体各部位(特别是手和脚)无法接触危险或受到挤压。

6. 不影响正常操作,不得与机械的任何可传动零件接触;对人的视线障碍最小。

7. 便于检查和修理。

第四节　起重机安全防护系统

一、起重机安全工作特点

起重机械是用来对物料进行起重、运输、装卸或安装等作业的机械设备,其特殊的功能和特殊的结构形式,使起重机和起重机作业方式本身具有以下安全工作特点:

1. 势能高,动能大,货种繁多,形态各异(包括成件、散料、液体、固液混合等物品),有时甚至是危险品,高空悬吊运动过程复杂而危险。

2. 金属结构体形高大,工作机构构造复杂,四大机构多维运动,庞大结构整体移动,拥有大量形状不一、运动各异的可动零部件,使危险点多而分散,给安全防护增加难度。

3. 带重载覆盖作业场地及设施和人员,移动空间范围大而高,使危险的影响范围加大。

4. 机上机下群体作业,多道工序顺次组合,多人参予协调工作,信息交流困难,相互配合难度很大,无论哪个环节出问题,都可能发生意外;相关作业人员直接接触暴露的活动部件,潜在许多偶发的危险因素。

5. 作业环境复杂多变,地面设备多而杂乱,人员集中,气候影响,场地限制,常伴有热、电、燃、爆等多种危险因素,对设备和作业人员形成较大威胁。

起重机和起重作业上述的工作特点,决定了它安全工作的难度和重要性,使起重机和起重作业的安全问题尤其突出。如果在起重机的设计、制造、安装、使用和维护保养等环节上稍有疏忽,都可能酿成重大的伤亡和设备事故。

二、起重机伤害事故特点

起重作业属于特殊作业,起重机械属于危险设备,起重事故有其突出的特点:

1. 事故呈现大型化、群体化、恶性化特点。单起事故有时涉及多人,甚至造成群死群伤的惨状,并经常伴随大面积设备设施的损坏。

2. 事故的突发性和集中性。多数事故没有先兆,特别是重物坠落和金属结构倾翻垮塌,有时甚至没有避让空间或逃逸通道。在同台设备上,可能集中发生多起不同性质的事故,这在其他类型机械中是不常见的。

3. 事故后果严重性。事故可能导致人员伤害和设备损失的损坏,经济损失严重、社会影响恶劣。居事故之首的重物坠落,只要伤及人往往是恶性事故,一般不是重伤就是死亡。居第二位的金属结构垮塌、失稳倾翻事故,会造成极其严重甚至灾难性的后果。

4. 事故发生时环节上的全面性。起重机使用"寿命"期间的各个阶段,如搬运作业、维修、装卸,以及安全检查、检验的各个环节以及每个环节中的各个工序都可能发生事故,甚至在正常工作状态下也难以避免,其中,起重作业中发生的事故最多。

5. 事故发生具有行业特点。主要集中在建筑、冶金、机械和交通运输,这与这些部门起重设备数量多、使用频率高、作业条件恶劣、作业对象复杂有关。

6. 事故类型与起重机机种相关。重物坠落是各种起重机共同的易发事故,此外还有桥式起重机的夹挤事故,汽车起重机的倾翻事故,塔式起重机的倒塔折臂事故,室外轨道起重机的脱轨翻倒事故,以及大型起重机的拆卸及安装事故等。

7. 事故伤害涉及的人员范围广而集中。其中司索工被伤害的比例最高,文化素质差和安全意识低的人群是事故高发人群。

根据起重伤害事故的统计分析表明,占前三位的伤害事故是重物坠落、金属结构失稳垮塌、夹挤和碾轧。

三、起重事故类型

1. 重物坠落

由超载、吊具损坏、物件捆绑不牢、挂钩不当、电磁吸盘突然失电、起升机构的零件故障、损坏(特别是制动器失灵、钢丝绳断裂)等都可能引发吊运重物坠落的危险;处于高位置的无防护物体以及起重机机构和结构件破坏掉落也可能引发重物坠落的危险。

2. 金属结构失稳垮塌

一是由于操作不当(如超载、臂架变幅或回转过快等)、支腿未找平或地基沉陷等原因,使倾翻力矩增大,导致起重机倾翻;二是由于坡度或风载荷作用,使起重机沿倾斜路面或轨道发生不应有的位移;三是由于金属结构件破坏,导致坠臂、倒杆或支腿垮塌等。

3. 夹挤和碾轧

由于起重机可移动部分与其他固定结构之间缺少足够的安全距离,使运行或回转的金属结构对人员造成夹挤;运行机构的操作失误或制动器失灵引起溜车对人员造成碾轧伤害等。

4. 人员高处跌落

起重司机正常操作、高处设备的维护检修、起重机的拆装,以及安全检查等都可能使相关人员面临从 2 m 以上的高处跌落造成伤害的危险。

5. 触电

起重机在输电线附近作业时,起重机的任何组成部分或吊物,与高压带电体距离过近感应带电或触碰带电物体,都可以引发触电伤害。

6. 其他机械危险

人体与起重机运动零部件接触引起的绞、碾、戳等伤害;液压起重机的液压元件破坏造成高压液体的喷射伤害;飞出物件的打击伤害、起重机碰撞等。

7. 由物料导致的危险

装卸高温液体金属,易燃易爆、有毒或腐蚀性等危险品时,由于物料的物理、化学特性会导致烫伤,粉尘、有毒物的伤害等。

四、起重机的组成与安全

(一)起重机的组成

起重机械由驱动装置、工作机构、取物装置、金属结构和操纵控制系统组成,如图1-3 所示。

1. 驱动装置

电力驱动是现代起重机最常用的形式,如各种有轨起重机等;内燃机驱动常用于各种流动式起重机;人力驱动则用于一些轻小型起重设备和机构,在意外或事故状态的临时备用动力。

2. 工作机构

指起重机械的机械传动部分而言,是为实现起重机不同的运动要求而设置的执

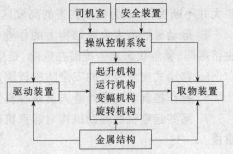

图 1-3 起重机的组成及相互关系

行机构,其作用是使被吊运物品获得必要的垂直升降运动和水平运动,常见的工作机构有起升机构、运行机构、回转机构和变幅机构,通常称为起重机四大机构。

3. 取物装置

是将起吊物品与起升机构联系起来进行物料搬运的装置。取物装置的种类繁多,可吊运成件物品、散粒物品以及液态物品,一般常用的取物装置有吊钩(吊环)、抓斗以及针对特殊物料的其他特种吊具(电磁吸盘、集装箱专用吊具、液体盛筒等)。

4. 金属结构

金属结构是起重机的骨架,决定了起重机的结构造型特征,用来支承工作机构、吊运物品及自身的重力以及外部载荷,并与起重机的机械、电器设备共同组合成一个有机的整体,完成确定作业空间的物品搬运任务。

5. 控制操纵系统

通过司机室内的控制操纵系统实现起重机各机构的有序运动,并为起重机提供工作动力、照明、联络等。安全装置也属控制操纵系统的一部分。

(二)组成与安全的关系

1. 各工作机构、驱动装置和取物装置(搬运物品的执行机构)集中了起重机上几乎所有的可动零部件;它们功能不同,运动各异,类型繁多,形状复杂,时动时停,正反交替,彼此协调动作共同完成物品的空间移动,是起重机工作的危险区(使人员面临损伤或危害健康风险的机器内部或周围某一区域称为危险区)。

2. 四大机构中各机构的危险程度又有所区别,其中的起升机构负责实现重物垂直方向的移动,是起重机最主要最基本的机构,相比其他机构而言,起升机构是起重机的重点危险区之一;运行机构、回转机构、变幅机构完成物品的水平面移动,工作区域面积大,涉及人员多,环境复杂,是起重机上仅次于起升机构的又一重点危险区。

3. 起升机构中的制动器、卷绕系统和取物装置直接与作业对象发生作用,并需要相关作业人员不断介入,再加上取物装置与吊运物品空间移动,从而使操作区范围扩大并不断变化,成为机械伤害的高发区,也成为安全防护的重点和难点。

4. 运动着的高大金属结构上的作业人员及司机室内的工作人员,面临着坠落、夹挤碾压、紧急状态逃生等潜在危险,是应该关注的另一个危险区。

5. 移动式支承装置的安全防护较固定式更应引起注意。

6. 操作控制系统是作业人员最容易发生操作失误的一个环节,应该加以重视。

7. 某些起重机的辅助机构对起重机的正常工作和移动非常重要,同样应该加以重视。

8. 起重机与作业环境之间的关系是又一个应该重视的环节。

9. 为了实现起重机及其各部分的安全工作,必须科学地设置门类齐全的安全防护装置,这是构建起重机安全系统的一个重点环节。

五、起重机安全防护装置类型、特点及其配置的分析

起重机的安全防护是指对起重机在作业时产生的各种危险进行预防的安全技术措施。安全防护装置是否配备齐全,装置的性能是否可靠,是起重机安全检查的重要内容。按安全检查的要求不同,可分"应装"和"宜装"两个要求等级。

(一)按安全防护装置的防护对象来分类

安全防护装置的防护对象不同,其所针对的事故类型、频发性、严重性、行业特点、防护要求和防护原理等都会不同。

1. 起升(变幅)机构的安全防护装置。

起升(变幅)机构的安全防护装置主要是针对起重物坠落的事故类型,而超载、吊具损坏、物件捆绑不牢、挂钩不当、电磁吸盘突然失电、起升机构的零件故障、损坏(特别是制动器失灵、钢丝绳断裂)等都可能引发起重物坠落的危险。由于影响因素众多,使得起升机构既有安全装置,又有防护装置,包括:起重量限制器,起重力矩限制器,行程限制器,防脱钩装置,钢丝绳防脱槽装置,断绳保护装置等,其中,安全装置尤显重要。

任何起重机都有起升机构,因此起升机构的安全防护装置在各行业、各类型的起重机上都有配置。起重物坠落所造成的事故非常严重,所以起升机构的安全装置一般都采用如下的工作原理:

(1)用机器(或装置)代替人——自动动作和联锁原理。

(2)机—机并行和人—机并行的冗余系统原理。

(3)防失误设计—动作后的单向运动原理。

(4)声光报警原理(提醒操作人员提高警觉性,从而实现人—机并行冗余)。

另外,对起升机构的防护要求又使得安全装置经常形成冗余配置,如双制动,双重双向限位等。

2. 运行(回转)机构安全防护装置。

运行(回转)机构安全防护装置主要是针对夹挤(碰撞)和碾轧的事故类型,由于人与其他固定结构之间缺少足够的安全距离,使运行或回转的金属结构对人员造成夹挤;运行机构的操作失误或制动器失灵引起溜车对人员造成碾轧等。运行(回转)机构既有安全装置,又有防护装置,包括:行程限位器、偏斜指导和限制器、极限力矩限制器、轨道清扫器、缓冲器及轨道端部止挡栏杆等。由于不同类型的起重机对运行机构和回转机构的需求不同,因此流动式起重机一般没有运行机构,而只有臂架类起重机才有回转机构。由于夹挤和碾轧常造成人员伤亡的严重后果,所以运行(回转)机构的行程限位器、偏斜指示限制器、极限力矩限制器的工作原理和起升机构的安全装置类似,其他则属于防护装置的隔离原理。

3. 金属结构的安全防护装置。

金属结构的安全防护装置主要是针对金属结构破坏、垮塌、失稳倾翻的事故类型。引发这类事故的原因:一是由于操作不当、支腿未找平或地基沉陷等原因,导致起重机倾翻;二是由于坡度或风载荷作用,使起重机沿倾斜路面或轨道发生不应有的位移;三是由于金属结构破坏,导致坠臂、倒杆、主梁或支腿垮塌等。由于金属结构高大复杂,使其防护措施,既有安全装置也有防护装置,包括:幅度指示器、防止吊臂后倾装置、防风锚泊装置、底座水平仪、风速仪、防倾翻安全钩、支腿伸缩锁定装置、回转锁定装置等,其工作原理大多是通过机械构造来保证金属结构处于安全状态。

4. 电气部分的安全防护应具有自动性、联锁性、警告性和一触即发性等工作原理。

5. 其他防护装置。主要是针对人员高处跌落、触电、起重机碰撞、飞出物体击伤人等事故类型而设置的一些防护装置，包括防碰撞装置、栏杆、防护罩、导线滑线防护板、检修吊笼、登机信号、舱口安全装置等，安全防护装置的工作原理，主要是隔离和屏蔽、联锁、警告等。

（二）按安全防护装置功能分类

起重机常用安全防护装置按其工作性质可分为六类。

1. 限制危险物理量（载荷、位置）的安全装置

（1）起重量限制器。它是一种起重机起升机构应配置的超载保护安全装置。其功能是当载荷超过限定值时切断起升机构的动力源，使起升动作停止，从而避免超载引发的危险。超载保护装置的工作原理可分为机械式（杠杆式和弹簧式）、液压式、电子式。各种类型的起重机均应装设起重量限制器。

（2）起重力矩限制器。臂架式起重机是用起重力矩特性来反映载荷状态的，力矩值是由起重量、幅度（臂长与臂架倾角余弦的乘积）和作业工况等多个参数决定。臂架类起重机均应装设起重力矩限制器。

（3）极限力矩限制装置。当臂架起重机的臂架回转阻力矩大于设计规定的力矩时，极限力矩限制装置内的摩擦元件发生滑动，切断动力输入，使臂架回转运动停止，从而起保护作用。同时，也使回转机构的起制动比较平稳。极限力矩限制装置有极限力矩联轴器和极限力矩限制器，都是摩擦副工作原理。臂架类的起重机均应装设极限力矩限制装置。

（4）防风和锚泊装置。防风和锚泊这种装置是防止室外工作的起重机在大风作用下沿轨道滑行或在轨道端头倾覆的安全装置，其性能应满足当各自独立承受工作状态下或非工作状态下的最大风力时，起重机不发生移动。常见的防风装置有夹轨器、锚定装置、压轨器和铁鞋，其工作原理大都是机械式的，有手动（垂直和水平螺杆式）和电动—自动（重锤式、弹簧式和自锁式）之分，室外工作的轨道式起重机均应安装防风锚泊装置。

（5）风速仪，也叫风级风速报警器。安装在露天工作的高大起重机上。当风力大于内陆 6 级（沿海 7 级）时能发出报警信号，并应能显示瞬时风速风级。

（6）行程限位器又叫极限位置限制器，其功能是防止工作机构在其运动的极限位置时行程越位。一般由两部分构成，一是安装在机构的运动部分上的撞块或者安全尺，二是固定在极限位置的轨道或固定结构上的行程限位开关。当工作机构某方向的运动接近极限位置时，撞块或安全尺触碰行程限位开关，则切断该方向的运动电路，停止该方向的运行，同时只能接通反向运动电路，使运行机构只能向安

全方向运行。起重机工作机构凡是有运动行程要求的均应装设行程限位器,其中,起升机构的行程限位最好是双重双向保护的,起升高度限位器的工作原理有重锤式和螺杆式。

(7)幅度指示器。安装在具有变幅机构的起重机上,能正确指示臂架所在的幅度位置,幅度指示器通常由幅度发送装置和幅度接收装置两部分组成,有机械式和电气控制两种工作原理。

(8)防止吊臂后倾装置。安装在变幅驱动机构是挠性卷绕系统的起重机上,当变幅机构的行程开关失灵时,能阻止臂架后倾;其工作原理主要是机械方式。

2. 防止危险运动的安全装置

(1)防碰撞装置。为了防止起重机在轨道上运行时与同一轨道上邻近的起重机发生碰撞,当起重机运行到危险距离范围内,防碰撞装置便发出警报进而切断电路,使起重机停止运行,避免起重机之间的相互碰撞。常见的防碰撞装置工作原理有机械式、超声波式、电磁波式(微波式)和激光式。

(2)缓冲器及轨道端部止挡。配置在轨道式起重机上,缓冲器应与处于同一水平高度的轨道端部止挡装置配合使用,是一种具有吸收运动机构的碰撞动能、减缓冲击、防止起重机脱轨倾翻的安全装置。常用的缓冲器有弹簧缓冲器、橡胶缓冲器、聚氨酯缓冲器和液压缓冲器、复合缓冲器等,止挡有金属止挡、木止挡、土止挡等。轨道上运行的起重机和起重小车均应装设缓冲器。

(3)偏斜指示和限制器。大跨度的门式起重机和装卸桥两边的支腿,由于车轮制造误差、安装误差、传动机构偏差以及载荷或运行阻力不均衡等原因常使起重机发生偏斜运行;为了防止产生过大的偏斜,应设置偏斜指示和限制器以指示起重机运行偏斜情况并将偏斜调整过来。常见的偏斜指示和限制器采用机械和电器联锁的工作原理,一般有凸轮式、链条式、钢丝绳—齿轮式和电动式四种。

(4)倒退报警装置及喇叭。流动式起重机向倒退方向运行时,可发出清晰的报警音响信号和明灭相间的灯光信号,提示机后人员迅速避开。

3. 防止危险状态的安全装置

(1)底座水平仪:安装在流动式起重机上,可检查打支腿的起重机的倾斜度,显示起重机机身的水平状态,常用气泡水平仪。

(2)支腿回缩锁定装置:安装在工作时打支腿的流动式起重机上,保证当起重机作业支腿伸出承重时,不发生"软腿"回缩现象;当支腿收回后,能可靠地锁定,防止起重机在运行状态下支腿自行伸出。

(3)回转定位装置:流动式起重机在整机行驶时,必须保证使上车部分保持在固定位置。

(4)轨道清扫器:用来扫除轨道式起重机行进方向轨道上的障碍物。

(5)防倾翻安全钩:安装在从主梁一侧落钩的单梁起重机上,防止单梁起重小车倾翻。

（6）联锁保护：是防止起重机发生的不相容事件装置。如：由建筑物登上起重机司机室的门与大车运行机构之间；由司机室登上桥架主梁的舱口门或通道栏杆门与小车运行机构之间；司机室设在运动部分时进入司机室的通道口的门与小车运行机构之间。其作用是：在联锁开启状态，相对应的机构不能启动；只有当联锁的开关闭合，被联锁的机构才能执行运动指令。这样，防止当有人正处于起重机的某些部位，或正跨入、跨出起重机瞬间，而司机不知晓的情况下操作起重机，使机构在运动过程中伤人。

（7）防脱钩装置：需在吊钩口安装有防止脱钩功能的机械安全装置。

4. 其他防护装置

（1）检修吊笼。用于高空中导电滑线的检修，配置在桥架类起重机上。

（2）导电滑线防护板。用于防止人员意外接触带电滑线引发触电事故而设的防护挡板。使用滑线的起重机对易发生触电的部位都应装设该装置。

（3）登机信号。使司机能注意到有人登机，防止意外事故发生，起重机上均应装设登机信号。

（4）防护罩。起重机上外露的活动零部件，如开式齿轮、联轴器、传动轴等均应装设防护罩。露天工作的起重机，其电气设备还应装设防雨罩。

（5）高处作业的安全防护。包括梯子、栏杆、平台等。

5. 电气保护装置

（1）主隔离开关。

（2）紧急断电开关。

（3）短路保护。

（4）失压保护与零压保护。

（5）失磁保护。

（6）过流保护。

（7）超速保护。

（8）接地保护。

（9）照明信号。

（10）空中障碍灯。

6. 起重机的安全信号

（1）信号指示（驾驶室内和室外）。

（2）危险部位的安全色标志。

（3）语句提示与警告。

（4）禁止和停止标志。

（5）联络信号。

六、起重机安全防护装置的配置

起重机常见安全防护装置的配置可参考表 1-1。

表 1-1 常用起重机上应装设的安全防护装置

序号	起重机名称 / 安全防护装置	桥式起重机	门式起重机	装卸桥	塔式起重机	汽车起重机	轮胎起重机	履带起重机	铁路起重机	门座起重机	升降机
1	起升高度限位器	应装	应装	应装	应装	应装	应装	应装	应装	应装	应装
2	运行机构限位器	应装	应装	应装	应装					应装	
3	幅度限位器				应装	应装	应装	应装	应装	应装	
4	幅度指示器				应装	应装	应装	应装	应装	应装	
5	防止吊臂后倾装置				应装	应装	应装	应装	应装		
6	回转限位				应装	应装	应装		应装		
7	防碰撞装置	应装									
8	支腿伸缩锁定装置					应装	应装		应装		
9	回转锁定装置					应装	应装	应装	应装		
10	防风锚泊装置	应装	应装	应装	应装					应装	
11	缓冲器及轨道端部止挡	应装	应装	应装	应装					应装	应装
12	偏斜指示和限制器		应装	应装							
13	防坠安全器										应装
14	起重量限制器	应装	应装	应装	应装	应装	应装	应装	应装	应装	应装
15	起重力矩限制器				应装	应装	应装	应装	应装	应装	
16	极限力矩限制装置				应装	应装	应装	应装		应装	
17	底座水平仪					应装	应装	应装			
18	风速仪		应装	应装	应装	应装	应装	应装		应装	
19	轨道清扫器	应装	应装	应装	应装					应装	
20	防倾翻安全钩		应装								
21	防脱钩装置	应装	应装	应装	应装	应装	应装	应装	应装	应装	
22	钢丝绳防脱装置	应装	应装	应装	应装	应装	应装	应装	应装	应装	应装

续上表

序号	起重机名称　　安全防护装置	桥式起重机	门式起重机	装卸桥	塔式起重机	汽车起重机	轮胎起重机	履带起重机	铁路起重机	门座起重机	升降机
23	断绳保护装置				应装						应装
24	小车断轴保护装置				应装						
25	联锁保护装置	应装	应装	应装	应装	应装	应装	应装			应装
26	登机信号	应装	应装	应装	应装	应装	应装	应装		应装	
27	检修吊笼	应装									
28	导线滑线防护板	应装								应装	
29	倒退报警装置及喇叭					应装	应装	应装			
30	防护罩	应装	应装	应装	应装	应装	应装	应装	应装	应装	应装

注：其他类型起重机应装设的安全防护装置可参照此表类型相近的设置。

　　防碰撞装置仅在同层多台起重机作业的情况下装设。偏斜指示和限制器在起重机跨度大于等于 40 m 的情况下装设。

第二章　起重机安全保护技术

第一节　起重机超载保护装置

按照 GB 12602—1990《起重机超载保护装置安全技术规范》国家标准,起重机超载保护装置分为起重量限制器和起重力矩限制器两种。

一、起重量限制器

1. 起重量限制器的类别和主要技术要求

起重量限制器(也称为超载限制器、重量传感器的二次仪表)按形式主要可分为机械类型、电子类型、液压类型和综合(复合)类型;按其功能可分为报警型、自动停止型和综合(复合)型;按信号采集传送方式可分为有线型和无线型。

机械类型的起重量限制器有杠杆式、弹簧式和摩擦式等。

主要技术要求:当载荷达到额定起重量的 90％时,应发出预警信号;当起重量超过额定起重量时,能自动切断起升动力源,并发出报警信号,停止向危险方向动作,但允许向安全方向动作。按 GB 6067—1985《起重机械安全规程》的规定,其综合误差不应大于 8％;GB 12602—1990《起重机超载保护装置安全技术规范》规定,其综合误差≤±5％;我国起重量限制器实际水平的综合误差≤±5％。

2. 起重量限制器的作用、工作原理和构造

起重量限制器的作用是:当起重机提升的载荷可能超过额定起重量时,在超过之前发出报警;当提升的载荷超过额定起重量时,立刻使该起重机的动作自动停止。

机械型起重量限制器,一般是将吊重直接或间接地作用于杠杆,或者偏心轮,或者弹簧上,进而使它们控制电器开关,见图 2-1。

电子式和综合(复合)式起重量限制器多使吊重直接或间接作用于重量传感器,通过放大和转换等电路或器件在仪表上显示吊重的重量。

起重量限制器的工作原理和构造:是将重量传感器上的电阻应变片(电子式或综合式)发生的电信号变化,经放大转换处理后显示到仪表上,超过设定值时,信号装置发出预警信号;超过额定值时,信号装置发出报警信号,同时经过中间继电器使机构断电,当卸载后,则复原回到初始值。图 2-2 所示为起重量限制器的工作原理框图。

重量传感器的弹性体,一般采用 15CrMnMo,40Cr,30CrMnSi 等。

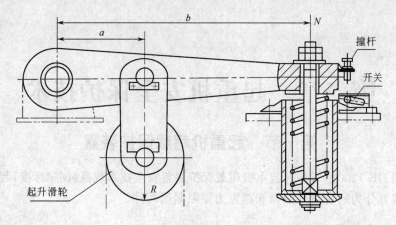

图 2-1　杠杆式起重量限制器

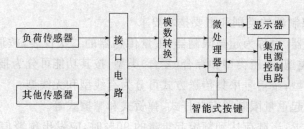

图 2-2　工作原理框图

起重量限制器的重量传感器,有的直接检测起重钢丝绳的张力,见图 2-3。

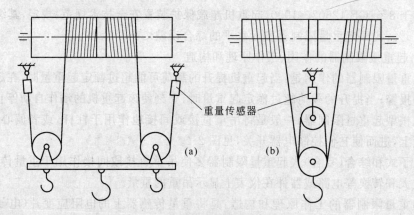

图 2-3　直接悬挂的重量传感器

对于门式起重机,有的布置在门架金属结构的上面。

也有的将重量传感器与钢丝绳卷筒的支承座轴承设计成为一体,它既是卷筒轴的轴承座,也是检测重量的重量传感器。

对于重量传感检测装置的设置,因起重机类型不同而分多种方式。有的是直接性检测,有的是间接性检测,最后达到的目的一样,即实时显示实际起吊的重物重量并满足在规定的误差范围内。直接性重量传感检测一般设计在起升系统的某一部位(见图 2-3)。例如在起升卷扬机座相关部位、起升钢丝绳固定端、起升钢丝绳转向滑轮组相关部位等等。间接的重量传感检测则一般设计在变幅系统的某一部位,例如设置在变幅滑轮组部位或相关部件上,有的设置在变幅油压系统的相关部位。设置的部位及选用的传感装置方式各有其优缺点(一般传感器采用的有拉式、压式、悬臂梁式、轴式、轴承座式、液压式等),其相关装置的设计也不相同。参见图 2-4。

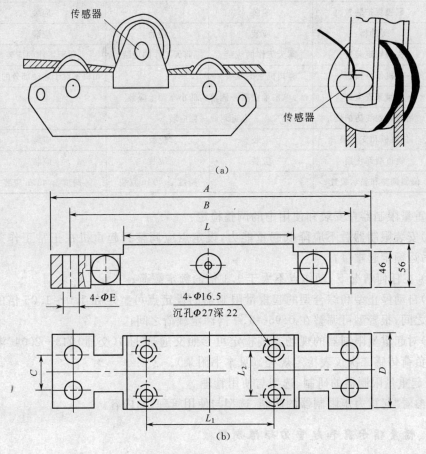

图 2-4　间接的重量传感检测示意图(单位:mm)

电子式和综合(复合)式起重量限制器设置有主机仪表,小型的起重设备(如电动葫芦),将仪表与起重机操作仪表盒做成一体;有的另行单独设置。主机仪表(二次仪表),有声光预警、声光报警和自动控制的多种功能。

3. 起重量限制器的安装规定和调整检定要求

根据起重机类型的不同，起重量限制器的安装配置有不同的规定要求，按 GB 6067—1985《起重机械安全规程》的规定，桥架类型起重机的安全防护装置见表 2-1。

表 2-1　桥架类型起重机的安全防护装置

序号	安全防护装置名称	桥式起重机	门式起重机	装卸桥
1	超载限制器	起重量＞20 t 应装	起重量＞10 t 应装	应装
		起重量 3～20 t 宜装	起重量 5～10 t 宜装	
2	上升极限位置限制器	动力驱动的应装	动力驱动的应装	应装
3	运行极限位置限制器	动力驱动的应装在大车和小车运行的极限位置		
4	联锁保护装置	应装		应装
5	缓冲器	应装	应装	应装
6	夹轨锚定装置	露天工作的应装	露天工作的应装	露天工作的应装
7	登机信号按钮	有司机室的宜装		司机室设于运动部分的应装
8	防倾翻安全钩	单主梁在梁一侧落钩的小车架上应装		
9	吊笼和划线防护板	靠近划线一侧应装		
10	扫轨板和支承架	应装	应装	应装
11	轨道端部止挡	应装	应装	应装
12	偏斜调整和显示装置		跨度 ≥40 m 宜装	跨度 ≥ 40 m 应装

起重量限制器在安装和使用中的调整检定：

(1)安装限制器后不应降低起重能力，设定点应调整到起重机在正常工作条件下，可吊运额定起重量；

(2) 在任何情况下，动作点不大于 1.1 倍的额定载荷；

(3)自动停止型和综合型的起重量限制器的设定点可整定在 1.0～1.05 倍的额定载荷之间，报警型可调整在 0.95～1.0 倍额定载荷之间；

(4)对起重量限制器的现场安装检定可参照交通部 JJG(交通)043—2004《港口机械　负荷传感二次仪表检定规程》(见本书附录)。

4. 起重量限制器的研制、选型与使用管理

请参看"起重力矩限制器的研制、选型与使用管理"的内容。

二、幅度指示器和起重力矩限制器

(一)幅度指示器

1. 幅度指示器的类别和主要技术要求

幅度指示器(也称幅度限制器、幅度指示装置)分为重力摆针和刻度盘式、四连杆式、余弦电位器式(又分为加重锤式和加连杆式)几种。

幅度指示器的主要技术要求：对于随幅度变化，额定起重量也随之有较大变化的动

臂起重机,其幅度指示器不仅要求灵敏可靠,且检测精度要高,其综合精度≤±5%,现在应用较多的是电器控制型的,为了确保可靠无误,特别是对于最大和最小的幅度位置,多采用双保险控制,即除幅度指示器外,另加设了行程位置开关。

2.幅度指示器的作用、工作原理和构造

幅度指示器的作用是:动态指示(或控制)起重机的幅度变化,使起重机按照设定的起重性能来安全地进行吊装作业。起重机的幅度方式有动臂变幅和起重小车变幅两种形式。幅度指示器的工作原理及构造分三种:对于重力摆针和刻度盘式(图2-5),它是将一个刻度盘(上面刻有角度值和换算出的起重幅度值)固定在臂架上,其指针在自重作用下自由地绕刻度盘中心转动,并始终垂直向下,司机根据幅度和对应额定起重量的起重性能表,进行安全操作。

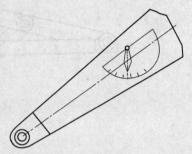

图 2-5　幅度指示器

对于余弦电位器式幅度指示器,它是通过重锤摆动或是连杆带动电位器旋转,电位器输入电压 V_0 一定,输出电压则随臂架倾角变化而变化。

故有 $V = V_0 \cos\theta$,由于幅度与倾角之间存在函数关系

$$R = f + L\cos\theta + \frac{V}{V_0}L$$

式中　f——臂架下铰点到起重机回转中心的距离;

　　　L——臂架长度;

V,V_0——输出、输入电压。

将电信号输入电器仪表处理,幅度就随机显示出来,对于要求进行幅度限制的,电器仪表即可进行信号检测、运算及随机控制,见图2-6。

图2-7是用于四连杆式组合臂架系统变幅的起重机幅度指示器。它同起重机臂

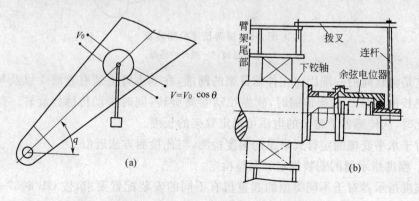

图 2-6　采用余弦电位器的幅度传感器

架联系起来一同转动，永远相互平行。

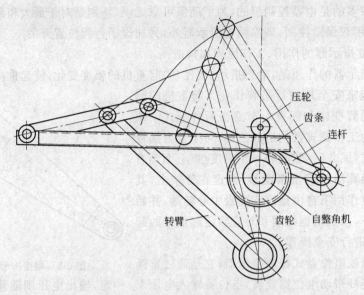

图 2-7　四连杆式幅度发送装置

对于汽车起重机，其臂架长度是可以改变的，即 L 是变化的，这样幅度不仅是倾角的函数，还是臂架长度的函数，因此要有臂架长度测量装置。图 2-8 是臂长测量装置简图。

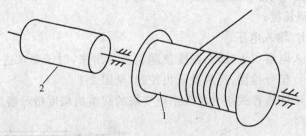

图 2-8　臂架长度检测装置

1—软线卷筒；2—测长传感器。

它是将软绳的一端固定在伸缩臂架的前端，在基本臂上装有卷筒 1 以及与之同轴的测长传感器 2，臂架伸缩时，软绳拉动卷筒旋转，同时带动传感器旋转。臂架长度变化时，从传感器上输出的电压可确定臂架的长度。

对于水平变幅的定臂式塔吊的幅度检测，与此检测方法近似。

3. 幅度指示器的安装规定和调整检定

幅度指示器对于不同类型的起重机有不同的安装配置要求，按 GB 6067—1985《起重机械安全规程》的规定，见表 2-2。

表 2-2　臂架类型起重机的安全防护装置

序号	安全防护装置名称	汽车起重机	塔式起重机	门座起重机
1	超载限制器		起重力矩<250 kN·m 宜装	应装
2	力矩限制器	起重量<16 t 宜装 起重量≥16 t 应装	起重力矩≥250 kN·m 应装	
3	上升极限位置限制器	应装	应装	应装
4	运行极限位置限制器			应装
5	幅度指示器	应装	应装	
6	联锁保护		在臂动变幅机构 与吊臂的支持停止 器之间应装	
7	水平仪	起重量≥16 t 应装		
8	防止吊臂后倾装置	应装	动臂变幅应装	
9	极限力矩限制器		有可能自锁的旋转机构应装	
10	缓冲器			在变幅机构应装
11	夹轨锚定装置		应装	应装
12	风速风向报警器		臂架铰点高度>50 m 应装	结构高度>30 m 应装
13	支腿回缩锁定装置	应装		
14	扫轨板和支承架		应装	应装
15	回转定位装置	应装		
16	轨道端部止挡		应装	应装

幅度指示器的调整检定,可参照交通部 JJG(交通)044—2004《港口机械 数字式起重力矩限制器检定规程》的规定进行(见本书附录)。

(二)起重力矩限制器

1. 起重力矩限制器的类别和主要技术要求

起重力矩限制器是起重量限制器和幅度指示器的组合体。目前使用的种类较多,构造不一,归结起来大体有机械式、电子式、综合(复合)式三种。

主要技术要求及相关要求:

达 90%的额定载荷时有预警能力;超载时有报警的能力、超载自动停止的能力;有过载能力、抗干扰能力和综合误差不能超过规定标准,在《起重机械安全规程》第 4.2.2a 条中规定:力矩限制器的综合误差不应大于 10%;《起重机超载保护装置安全技术规范》第 5.6.1 条中规定:电气型装置的综合误差不应超过±5%,机械型装置不应超过±8%;我国起重量限制器实际水平的综合误差现在可以达到≤±5%。

2. 起重力矩限制器的作用、工作原理和构造

　　起重力矩限制器的作用是：

　　当起重机可能超过额定起重力矩时,在超过之前发出报警;当提升的载荷超过额定起重力矩时,立刻使该起重机的动作自动停止。

　　起重力矩限制器的工作原理和构造,现分机械式和综合式介绍如下：

　　机械式起重力矩限制器见图 2-9。

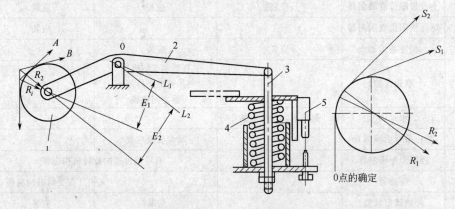

图 2-9　机械式起重力矩限制器

1—摆动滑轮;2,3—拉杆;4—弹簧;

5—开关;S_1,S_2—钢丝绳张力。

　　作 R_1 与 R_2 的平行线 L_1 与 L_2,距离分别为 E_1 与 E_2,交点 O 即为支点位置。

　　当起重机力矩克服弹簧力时,其开关 5 动作,起到力矩控制的目的。

　　起重力矩限制器在塔式起重机上的安装位置见图 2-10。

　　压杆偏心式起重力矩限制见图 2-11。

　　起升绳绕过导向滑轮,形成一个合力,当吊臂在某一位置,起重量达到一定值时,

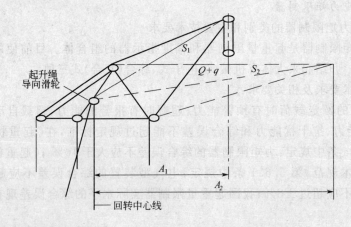

图 2-10　起重力矩限制器在塔式起重机上的安装位置

合力 R 就使整个系统绕 A 点转动,杠杆向下压终点开关,切断电路,工作停止,以达到安全保护的目的。重块 G 的位置调准后,用固定螺钉紧固在杠杆上,以防止变化。使用中要注意经常检查。

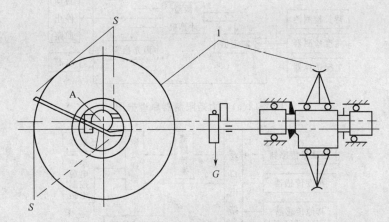

图 2-11 偏心式起重力矩限制器
1—起升绳导向滑轮。

塔式起重机机械式力矩限制器的工作原理是:动臂式起重机变幅钢丝绳的固定端与力矩限制器装置的转盘连接,在整个工作幅度内,当起重机起吊对应幅度最大起重量时,力矩转换装置使变幅绳拉力对转盘轴的力矩为定值,从而使输出到拉力杆—弓板的拉力也为一定值;拉力杆—弓板由中间拉板和两弓板组成,当中间拉板受纵向拉力有微小纵向变形时,两弓板将产生较大的横向变形,在弓板上装有行程开关来控制起升电机,行程开关调定时起重力矩就被限定。这种力矩限制器具有结构简单、造价低的特点。由于塔机流动性大,拆装较频繁,每次立塔后力矩限制器安全装置需重新调试,现场超载概率较少,加上生产厂家对弓形板的材质加工、焊接、热处理等制造简化,已造成产品不规范状态。权威部门人员认为现在小塔机上的弓形板力矩限制器很多都形同虚设,甚至只为应付安全检查人员的检查。由于此种产品还没有行业标准,最后有可能被智能化的力矩限制器所取代。

综合(复合)式起重力矩限制器的原理框图见图 2-12(a),力矩限制器的结构示意框图见图 2-12(b)。

臂架式起重机是用起重力矩特性来反映载荷状态,其力矩值是由起重量、幅度(臂长与臂架倾角余弦的乘积)和作业工况等多个参数决定的。起重力矩限制器由重量检测传感器、臂架角度检测传感器、主机仪表(工况参数选择器和微型计算机等)构成(汽车起重机还应增加臂长检测传感装置)。当起重机进入工作状态时,将实际各参数的检测信号输入计算机,经过运算、放大和处理后,显示相应的参数值,并与事先存入的额定起重力矩值比较。当实际值达到额定值的 90% 时,发出预警信号,当超载时则发出警报信号,同时停止起重机向危险方向继续运行。

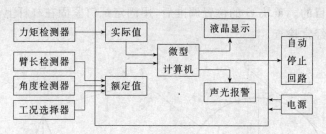

图 2-12(a)　力矩限制器原理框图

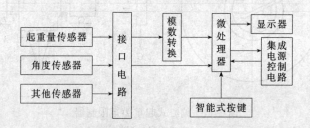

图 2-12(b)　力矩限制器结构示意框图

　　水平臂架式起重机力矩限制器的主机仪表设置在司机操作室(有上下操作室的区别,根据具体情况而定)。水平臂架式起重机力矩限制器部件布置图见图 2-13。

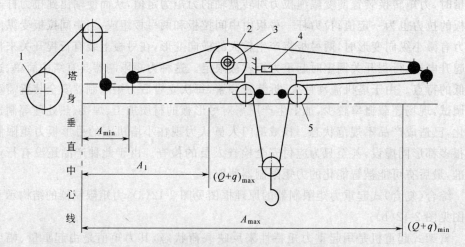

图 2-13　水平臂架式起重机力矩限制器部件布置图

1—起升卷筒;2—变幅卷筒;3—幅度检测器;4—重量传感器;5—载重小车。

3. 起重力矩限制器的安装规定和调整检定

　　对于起重力矩限制器,不同类型的起重机,有不同的安装配置要求,按 GB 607—1985《起重机械安全规程》规定,见表 2-2。

对于塔式起重机,不设安全保护装置、安全装置失效或人为地取消、调整不准确,使安全防护失效是在用塔机普遍存在的现象。如为了超载及别的原因,取消力矩限制器或短接部分控制线路;高度限制器的失效,造成过卷扬拉断钢丝绳,重物坠地伤人;违章作业,斜拉、斜吊重物导致塔机事故时常发生。故在 GB 9462—1988《塔式起重机技术条件》中,4.5.2.1 条还规定:小车变幅最大速度超过 0.67 m/s 的起重机,在小车向前运行时,起重机力矩达到额定力矩的 80% 时,应自动转换为低速运行,这一条相当重要! 在调整力矩限制器时,必须考虑到塔式起重机垂直度的影响,扣除因垂直度偏差而增加的力矩,这样才能保证安全使用。

对于选择在变幅系统设置加装重量传感装置,其计算较为复杂,见变幅力计算图 2-14 。

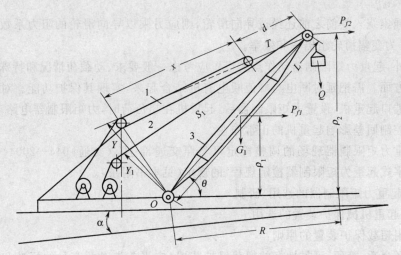

图 2-14　动臂式变幅力的计算图

1—变幅钢丝绳;2—起重钢丝绳;3—可上下活动的起重臂。

变幅系统设置重量传感装置,它对于风载荷的影响有其动态的检测,能够反映起重机的实际工作情况,力矩限制器即更能动态地监控起重机,使之在安全状态下作业。

在动臂平稳仰起时,滑轮组的拉力 T 必须克服各项静阻力。若不计物品等速旋转时的离心力及坡度阻力,并忽略铰链中的摩擦阻力,则 T 可按 $\sum M_0 = 0$ 来确定,即

$$T = \frac{1}{Y}\left[\left(Q + \frac{G_1}{2}\right)R + P_{f_1}\rho_1 + P_{f_2}\rho_2 - S_1 Y_1\right]$$

式中　Q、G_1——分别为物品与动臂的重量(N),并假设动臂重心在其长度中点上;

　　　　S_1——起重绳索的张力(N);

　　　　R——幅度(m)。随动臂倾角 θ 的改变而改变。若动臂长度为 L(m),道路坡度为 a,则 $R = L\cos(\theta - a)$(m);

Y、Y_1——分别为铰链中心至变幅滑轮组中心线及起重绳索间的垂直距离（m），这两个数字随 θ 的改变而改变，由此可得：

P_{f_1}、P_{f_2}——分别为作用在动臂和物品迎风面积上的风力（N），若计算风压力 q_1，风载体型系数为 C，动臂有效迎风面积为 F_b，物品有效迎风面积为 F_w，则动臂和物品上的风力应各为：$P_{f_1}=q_1 C F_b$，$P_{f_2}=q_1 F_w$；

ρ_1、ρ_2——分别为从铰链中心至 P_{f_1}、P_{f_2} 的垂直距离（m），其值相应为 $\rho_1=\dfrac{L}{2}\sin\theta$ 和 $\rho_2=L\sin\theta$。

因为拉力 T 是变化的，当倾角 $\theta=\theta_{min}$，则 $T=T_{max}$，这时变幅绳索分支的张力应为 $S_{max}=\dfrac{T_{max}}{i_h \eta_h}$。

如绳索绕入卷筒之前还经过导向滑轮，则应另乘以导向滑轮的阻力系数。上式中 i_h、η_h 为变幅滑轮组倍率和效率。

此外，起重力矩限制器动作点的设置应考虑一般要求、动载荷情况和特殊载荷情况三个方面。需把延时断电与峰值断电有机结合起来，实现其保护功能。对于振动较大的港口起重机，设置力矩限制器后，起重机在超负荷时，力矩限制器电路动作，不能因其控制回差影响起重机的正常作业。

起重力矩限制器现场的调整检定可参照交通部 JJG（交通）044—2004《港口机械 数字式起重力矩限制器检定规程》的规定（见本书附录）。

4. 起重力矩限制器的选用、研制

（1）起重机械保护装置的选用

选用超载保护装置的原则：

选择合适、简便、可靠性好的超载保护装置，应当首先对此产品的标准和检测方法有大致的了解（可参阅 GB 12602—1990 及其他有关标准）。产品主要应满足抗干扰、振动、高低温、过载、冲击、耐压的要求。用户应选用经劳动部指定的部门（辽宁起重机械检验中心）检验合格的产品。产品质量的好坏可从以下几个方面考察：

① 系统设计水平的先进性

主要考察传感元件（重量传感器和角度传感器）的可靠性及工艺是否合理，其配件元器件生产厂应是质量信誉良好的单位；机械传感取力装置设计是否合理，其标准是动态受力传输时，信号顺畅无阻碍且真实可靠；各部组合件联接的合理性及完备性；调整安装及操作的简易性。

② 功能实现的完备简易性

对操作者来说，应简单明了，一试就会，要求普通司机都能在半个小时内学会并熟练掌握使用。超载保护装置的主要功能有：能显示任一工况下的额定起重量、实际起重量、吊臂角度、起重幅度；起吊达 90% 额定载荷时声光报警，达 100%～105% 额定载荷时声光报警并自动控制起重机不向危险方向运行;能自动控制动臂的最大和最小仰角。以上功能的实现(显示和控制)不需司机操作即能随机运转实现。装此装置后,对起重操作能自动地进行保护,同时又不影响起重机的正常操作。

③面板和机内元器件采用新技术新工艺的程度

主机面板采用可靠性好和防水性好的柔性薄膜键盘,内部采用进口元器件和DDK 排线插座连接,无疑可提高整个系统的可靠性和方便性。

④起重机常用主要参数设置的简易和方便性

有的起重机的主副臂组装长度、主副钩重量、起升绳倍率参数会因作业要求变化而随时变更。要求司机或技术人员按实际使用情况在 1 min 左右完成这几个参数的输入,这就要求产品操作的简便和可靠。

⑤系统故障判断和处理迅速准确

如系统出现不正常,司机能根据显示状态迅速判断和处理故障,这也是考察产品性能好坏的指标之一。对此类装置,应要求不发生故障或少发生故障,但由于现场因素很多,诸如吊车转移、拆装、外界影响等,可能引起传输线扯断、部件损坏等故障。所以对故障判断和处理要有特别要求。

⑥精度指标要求

力矩限制器的系统精度有别于起重量限制器的称量标准。变幅系统传感取力方式的力矩限制器,系统精度一般为达到小于或等于±5%;起升系统传感取力方式的精度可同于起重量限制器的精度,一般为小于或等于±3%,最多不会大于±5%,验收一般以此国标精度为准。

以上是从技术要求、产品性能这一方面作为选择产品的主要考核指标。另一方面,要从企业的状况加以考察,这对于起重机用户批量选用以及起重机厂家选择配套生产厂较为重要。其主要内容有:企业的生产安装能力,技术水准,领导人的素质和信誉,厂内试验检验设备等。

(2)起重机械保护装置的研制

①以满足实际使用为原则

超载保护装置是为安全生产需要研制的,因而必须结合实际验证其是否满足起重机作业特点。第一,性能要满足起重特性曲线;第二,能准确显示、报警、控制;第三,操作简单可靠;第四,可靠性好(抗干扰性强,使用时间长)。

②按国标考核并应具备相应的检测设备

GB 12602—1990 较明确地规定了各种测试方法和检验指标。只有达到了这些标准,才能安装在起重机上使用,生产厂家为保证产品的质量可靠,必须具备相应的检测设备。

③注重各种类型起重机的特点

塔吊、轮胎吊、履带吊、桥吊等各类型起重机都有各自的特点。有的同一类型起重机的机构驱动方式稍有不同,在设计和配置超载保护装置时就要注意。特别是传感取力系统的设计,应有针对性。忽视了一个环节,就会造成整个系统的失常或失效。

④产品要不断地进行更新换代

产品的更新换代周期越来越短。因此,在产品设计、生产和检测上,都应随时从性能、工艺、安装及售后服务各方面完善更新,降低成本,提高产品档次,以求达到和超过发达国家同类产品的水平。

三、起重机超载保护装置的选型配置

起重机械应装设超载保护装置现已经成为共识,随着《特种设备安全监察条例》、《起重机械超载保护装置安全技术规范》的执行,现正逐步走向强制实施和完善阶段。使用和设计单位如何选型配置,参考意见如下。

(一)关于超载保护装置产品的型号

1. 超载保护装置是起重机工作时,对于超载作业有防护作用的安全装置,包括起重量限制器和力矩限制器,二者主要区别在于起重机有无吊臂幅度的动态计量和控制要求。对于产品来说,前者相对简单,而后者因各种不同类型的起重机,要配置好就相对复杂一些。

2. 超载保护装置产品的型号目前在行业内还未作统一规定,为了贯彻《机电类特种设备制造许可规则》,辽宁省安全科学研究院为此制定的产品型号参数命名规则如下,可作为参考:

产品型号参数共分五部分:

第一部分:产品名称代号,如力矩限制器为 LX;

第二部分:仪表型式代号,M 表示仪表由模拟电路组成;W 表示仪表包括单片机处理数据功能(机械型产品不包括此部分);

第三部分:取力传感器安装型式代号,Z—剪切梁式,P—旁压式,X—销轴式,Y—油压式,L—轮式,J—串接式,B—板式;

第四部分:吨位参数代号,如 30 表示 30 t;

第五部分:设计序号,如 2 表示第二次设计。

(二)超载保护装置产品的行业管理

根据国质检锅[2003]305 号文件,全国按《起重机械型式试验规程》试行,超载保护装置产品已纳入国家质量监督检验检疫总局管理,即通过特种设备型式试验,获得国家质量监督检验检疫总局认可的《型式试验合格证》并经备案后才能被认定为产品合格。地方各级质量技术监督部门负责监督检查。

国质检锅[2003]305 号文件的执行,有利于起重机设计制造单位或起重机使用单位对于超载保护装置的选型配置。作为超载保护装置的生产厂家,国家质量

监督检验检疫总局备案后,被认定为产品合格,只是取得市场准入证,要搞好各类起重机超载保护装置的配置工作,需要做好许多相关工作,特别是深入细致的技术工作。

(三)超载保护装置产品的现状

1. 目前在起重机上配置的超载保护装置按国内、国外生产区别有国产和进口的两种,进口的产品基本上是随进口起重机随机配置的,国内起重机也有没有配置该装置的。起重机使用单位应配置而未配置超载保护装置的起重机(包括已配置超载保护装置而未起作用的),其数量不在少数,应引起设备管理部门的高度重视。

国产起重机设计制造单位配置超载保护装置处于选型试用和优选完善阶段。

2. 超载保护装置产品研制,经过了"机械式"—"机电式"—"微机式"的进步换代过程,但目前这三种型式的产品都在应用中,目前选择使用"微机式"的产品较符合现代起重机械的要求。

3. 超载保护装置就主机仪表显示方式而言,主要分为液晶数码型和智能图文汉字型,后者智能化程度较高。

(四)超载保护装置的选型配置应注意的问题

1. 注重力矩限制器和起重量限制器各自特点及起重机类别特点。

(1)幅度传感检测的不同特点:

力矩限制器涉及到起重机的幅度检测,而幅度检测有的起重机是通过检测吊臂倾斜角度及其他参数(如主臂长度)换算而实现的;有的起重机是通过光电编码器及检测卷扬机运转的圈数换算其量程而实现的;有的是通过检测两种以上的参数来实现,例如汽车吊的工作幅度计算(吊臂倾斜角和吊臂长度两种参数检测后运算)。幅度检测方式各个生产厂家各有不同,可靠性和精度亦有所差别,有的因起重机回转机构、起升机构运转速度的高低,其检测方式亦有所区别。

(2)重量传感检测的不同特点:

力矩限制器和起重量限制器都有重量传感检测,而重量传感检测又因起重机类型不同而有多种方式。有的是直接性检测,有的是间接性检测,最后达到的目的是一个,即显示实际起吊的重物重量并满足在规定的误差范围内。直接性重量传感检测一般设计在起升系统的某一部位,例如在起升卷扬机座相关部位,起升钢丝绳固定端,起升钢丝绳转向滑轮组相关部位上。间接重量传感检测则一般设计在变幅系统的某一部位,例如变幅滑轮组相关部件,变幅油压系统的相关部件。设置的部件及选用的传感装置方式各有其优缺点(一般采用的有拉式、压式、悬臂梁式、轴式等传感器,其相关装置设计得也不相同),设计及择优的原则应以满足起重机常用工况条件、方便安装和维护并尽可能地提高精度为前提。

2. 生产厂家的技术水平和生产装备。

许多起重机使用单位,有各种不同类型的起重机,作为超载保护装置的生产厂家要全部配置此装置,必须要有相应的专业技术人员,对各种起重机使用情况要有充分的了解,这对产品相关的传感装置的设计、软件配置、生产检验、安装完善及售后服务至关重要。

生产厂家产品的技术水平主要表现在产品的性能满足起重机各种工况的实际需要,并达到该产品的国家标准要求和能够长期稳定地运行。技术水平有两方面,一方面是有懂起重机的专业技术人员即拥有设计能力,另一方面指要有一定程度懂管理的又懂产品开发的行家,组织人员不断地去更新和改进。产品生产的技术装备指生产该产品必备的相关装备。只有这样,才能够完成各种起重机超载保护装置的传感装置的设计、软件配置、产品质量的保证及产品的不断更新。

3. 重视产品的精度及可靠性问题。

此产品的长期使用,其可靠性主要在于以下三方面的因素:传感装置的设计、产品软件配置、使用单位现场的日常管理。前两方面因素主要由起重机设计制造单位或起重机使用单位与超载保护装置生产厂家的技术人员商讨解决,方案符合设备实际情况越合理越优化,其检测精度及可靠性就容易得到保证;使用单位对起重机现场日常管理的好坏,对于经常搬迁转移的设备,对超载保护装置的检测精度及可靠性较为重要,即设备的日常保养、维修措施要落实到人,转移时对装置要妥善处理并注重重新安装调试和检定的有关工作。对于如何在现场对起重量限制器和力矩限制器进行检定,请参考 JJG(交通)043—2004《港口机械 负荷传感器二次仪表检定规程》、JJG(交通)044—2004《港口机械 数字式起重力矩限制器检定规程》检定标准(见本书附录)。

重视了超载保护装置的选型配置,对于超载保护装置的设计、生产和装置系统的综合质量水平将会有所提高,这对起重机使用单位的管理,也会起到规范和促进作用。

四、起重机超载保护装置的安装与检定

(一)超载保护装置重在实用并应确保其功能的检定合格

1. 就目前全国情况讲,起重设备按国家规定全部安装、使用其性能可靠的超载保护装置还存在一定的差距(既有地域保护的原因也有因起重机类别使用因素方面的原因),因此配备可靠性好的超载保护装置,要重在实用,以确保配备超载保护装置后能够按检定规程检定合格非常重要。

从起重机设计制造单位讲,希望最大限度地降低成本,使用单位不要求安装配置也就不设置;有的按要求配装的,也是选用价格低廉的产品,造成使用中不能长期可靠地运行,降低了使用中的安全性,有的甚至成了摆设。从起重机使用单位讲,只要技术监督部门无强制措施,也就不要求配装超载保护装置,其原因是一方面要增加配置的开支费用,另一方面生产超载保护装置的质量也有不尽人意处。这样,使起重设

备可靠运行,充分发挥其能力就不能得到充分保证。因而,因未安装此安全装置而发生各种事故的较多,造成了不必要的直接经济损失和间接经济损失,甚至有机毁人亡的事故发生。所以,不管是设计制造单位或起重机使用单位,应该以确保设备正常使用的安全为前提,必须认真选择配制实用、可靠性好的超载保护装置(国质检锅[2003]305号文件的执行,将有利于设计制造单位或起重机使用单位的认真选择)。超载保护装置安装后应按检定规程检验,只有这样才能保证起重机持久可靠地运行,充分发挥起重机在工程建设中的重要作用。

2.配置超载保护装置要充分注意其特殊性问题。

注重力矩限制器和起重量限制器的各自特点及起重机类别的特点:

请参见前面"三、起重机超载保护装置的选型配置"的(四)1.节内容。

3.要充分重视超载保护装置的现场安装及调试工作。

(1)从设计角度讲,要尽可能考虑到现场安装和维护的简单方便。

(2)从起重机使用单位角度讲,一定要派专人配合安装和调试工作,并了解和掌握其安装、调试、维护的具体工序及方法(生产厂家有义务培训其相关知识)。超载保护装置的现场安装,涉及到安装和管理的具体工作,一方面要协调电工、电焊工、装配工的有关工作,另一方面要组织提供好检定所需的标定条件(如标准重块、幅度测量用盘尺等)。在起重机生产厂内还应制定安装调试的试验大纲,以便保证其检定工作的顺利进行和检定工作的质量。

(二)关于超载保护装置的现场检定

超载保护装置分为力矩限制器和起重量限制器(对于后者交通部编写的检定规程给予了一定区别,用于港口机械上的定名为"港口机械 负荷传感器二次仪表"),为了标准化和超载保护装置使用的可靠性,其检定单位和使用单位都应重视现场的检定工作。检定规程对"计量性能要求","通用技术要求","计量检定控制"都提出了具体的规定,对检定结果的处理也都作了相应规定。这对于起重机使用单位,起重机超载保护装置的生产安装单位,起重机检定单位,都有了可操作性的标准依据。

1.现场检定的主要指标及有关提示

(1)力矩限制器的综合误差应不大于±5%。

综合误差按下式计算:

$$综合误差 = \frac{实测起重力矩 - 额定(设定)起重力矩}{额定(设定)起重力矩} \times 100\%$$

设定起重力矩应调整在100%～105%额定起重力矩之间。

测试点选择:对额定起重量不随幅度变化的起重机,测试点为最大工作幅度点;对额定起重量随幅度变化的起重机,测试点在起重特性表范围内所对应的最少三个点,应包括最大、中间、最小点。

(2)起重量限制器的综合误差应不大于±5%。

综合误差按下式计算:综合误差$=\dfrac{\text{动作点}-\text{设定点}}{\text{设定点}}\times 100\%$

设定起重量应调整在100%～105%额定起重量之间。在任何情况下,装置的动作点不得大于110%的额定起重量。

测试点为起重量限制器的设定点。

(3)有效范围:力矩限制器和起重量限制器的显示误差和综合误差对起重机的有效范围在装机试验后应在产品说明书上说明。

2. 关于控制回差的定性要求

(1)控制回差的定义

起重设备负荷达到额定值后,仪表控制电路动作,当实际载荷低于额定载荷后,仪表控制状态解除。超载控制与解除控制状态的载荷差值,称为载荷控制回差。

(2)控制回差的定性要求

对于起重机,特别是港口机械,由于工作很繁忙,设备的起升、回转、行走速度相对较高,吊臂摇晃,重物吊起后,在各机构高速联动操作状态下,因动态载荷产生振荡,摇晃程度加大,如仪表设计采用的控制技术不合适,易产生频繁反复地控制、释放,加大了不安全程度,影响起重机正常工作,对此情况,现场检定时的定性要求是:力矩限制器和起重量限制器"其超负荷控制电路动作,不能因其控制回差影响起重机的正常作业"。

重视了超载保护装置的安装与检定,对于超载保护装置的设计、生产和提高装置系统的综合质量将会产生较大的促进作用,对起重机的安全使用将起到规范和促进作用。

五、起重机超载保护装置的管理与使用

(一)在选型、设计、安装、验收等方面应注重的几个问题

1. 针对本单位起重机械类型特点,合理选用超载保护装置的类别。

我国生产、使用可靠的超载保护装置的历史并不长。在1990年以前,大多数超载保护装置为机械式或电子式,且可靠性都不太好。

1990年颁发《起重机械超载保护装置安全技术规范》以后,对此装置的检验才有了较明确的规范和方法,各生产厂家从此以研制微机综合功能型为主。但是,由于他们对各类起重机械的结构特点的研究还不充分,在重量传感装置的设计方面,未能做到长期可靠,往往由此而导致超载保护装置整个系统失效,使得用户对微机式综合型超载保护装置的可靠性产生了怀疑。其实,这个因局部欠缺而影响整个系统功能的问题,是可以解决的。从提高我国起重机技术水平和适应广大用户的使用需要出发,

并看到我们的超载保护装置研制日趋完善，与外国的同类产品相比已不相高下，建议用户应以选用国产的微机式综合功能型为主。它的优点是反应灵活、显示清晰直观、声光报警及时和自动控制迅速，只要加强管理和合理使用，可靠性能可有效地得到保证。

重量传感取力装置的设计，一般由起重机生产厂家的设计部门决定，但不一定都很合理。用户应与生产厂家协商，针对不同起重设备的特点进行合理设计，既要反应灵敏又能防水防冲撞。目前可选用的类别，按重量传感器来区分，有压式、拉式和剪切式等多种；按取力方式区分，有起升系统取力和变幅系统取力；对具有伸缩臂的汽车起重机的取力传感方式又有三滑轮式、压式和液压系统传感取力等。

2. 注重装配安装后的验收和技术资料归档工作。

装置装配后，其系统设计是否合理先进，控制精度是否符合国标和该起重机使用要求，要按国标规范的方法进行现场调试和验收，并将有关资料建档存查，这对以后的合理使用和维修尤为重要。

3. 加强对司机和维修工的培训与指导。

司机是长期使用装置的直接责任者，能否正确使用，对于保持产品的可靠性关系极大。在安装配置完毕后，厂家应及时培训司机学习和掌握使用方法，并根据用户的实际情况对维修工作给予指导。首先要学习了解该装置的原理和特点，这是培训内容的理论基础。虽说使用与维护并不复杂，但不全面掌握它，有时会因很小一点问题（如某一路屏蔽电缆线被轧断等）而影响其正常使用。

（二）对正确使用和维护的几点意见

1. 厂家和用户要积极配合。

不仅在正确选用、严格验收阶段要配合好，在安装调试过程中，双方的技术人员也要通力合作。

2. 注意设备拆迁时的管理和重新安装后的恢复工作。

大型起重设备，须多次拆迁和转移。在拆迁前应由司机或专职电钳工妥善处理好装置的连线、传感取力装置及传感器等。必须拆卸的应做好标记，轻拆轻放，妥当保护，不能压挤损伤。安装时应按原来的次序和位置复原，然后进行调试或标定。如果忽视了这一点，会造成不必要的麻烦。

3. 定人定机和定期检查维护。

定人定机（人员少时要坚持人员相对固定的原则）定职责，是管好用好起重设备的关键一环，对于超载保护装置更不例外：此装置有一个特点，即正常作业时它能自动运行、自动控制。而当起重机工况变动时，又必须进行重新设置（例如动臂式起重机常进行起重臂长度、倍率、钩重的变更）。如果人员不固定，有的清楚调整方法，有的不清楚，不清楚的操作者去乱调，势必影响正常使用。甚至乱拆乱卸，造成人为损坏或发生事故的也不在少数。

管理部门和使用单位还应坚持对设备进行定期检查,特别是对保护装置中需进行定期维护的部件(按生产厂家的具体要求),确保其经常处于正常状态。

4. 要安排专人进行定期调试和重量标定。

由于装置中某些部件的长期频繁使用,会因为磨损或者其他自然环境的影响,使显示重量误差过大,应进行重量显示值的重新调整和标定。这在安装验收时就要指定专人掌握调试及重量标定方法(一般一年左右进行一次)。正常情况下,重新标定只需半个小时左右,不是经专门培训的人员不得随意进行此项工作。

(三)选用智能式超载保护装置

图文汉字智能型力矩限制器(包括无臂架起重机配用的智能型起重量限制器)。在较先进的起重设备上,除近年来推广应用较多的液晶数码型主机仪表的力矩限制器(或起重量限制器)外,目前能与国外同类先进产品在功能和技术水平上相比或更好的就是图文汉字智能型力矩限制器(亦称起重机智能动态监测控制仪)。1995年,已有生产单位开发出图文汉字型主机仪表,现已更趋完善。其功能是增强了装置自检和"黑匣子"功能,便于管理和维修。

力矩限制器的主要功能是动态显示起重机工作幅度、起重臂仰角、额定起重量、实际起重量、负荷百分率,负荷达到或超过该机允许的范围时,能自动报警或停止起重机向危险方向运行。达到上述功能的主要输入信号为重量传感和吊臂角度传感(汽车吊另增设主臂长度传感信号,有的吊车还需加吊钩高度信号)。主机仪器外部装置的正确传感与否可以从主机上定性判断,对需定量判断的还须结合对重量传感取力装置及长度传感器、角度传感器的检查进行判定。对于主机控制线路是否正确等,一般主机仪器均可自动判定。

对因超载引起起重机损坏或倾翻,只要力矩限制器主机仪表完好,当时的主要工况和超载次数可以由"黑匣子"功能分析出来。这对管理人员科学管理、安全使用起重机及事故分析将起重要作用(因特殊情况下的超载,如斜吊或操作不当等仍有可能引起起重机损坏或倾翻)。

图文汉字智能型力矩限制器是集微机技术、电气自动化技术、起重机技术等为一体的机电智能产品,是液晶数码型的换代产品(更加简便直观和智能化),系统误差优于国标精度,可靠性也相应地得到提高。

第二节　　行程限位器

一、行程限位器的类别和主要技术要求

(一)目前广泛采用的行程限位器有两类

一类是对有轨运行机构的极限位置(终端)限制器(也称限位开关或行程开关)。对于有轨运行的各种类型起重机,都要求予以设置。

　　另一类是起重机的起升、下降高度、小车变幅、臂架回转机构的行程在始点和终点之间的双向可调整进行限制位置的限位器。

　　常见的型式如螺杆式、蜗轮蜗杆式、臂架转角式;目前国内外广泛采用的蜗轮蜗杆正(斜)齿轮变速器式等。

　　(二)行程限位器的主要技术要求和常见的行程限位器

　　1. 行程限位器的主要技术要求

　　(1)工作环境:环境温度-233～328 K(-40～+55 ℃);相对湿度:不大于90%;海拔高度:不大于2 500 m;

　　(2)防护等级:规格有 IP55、IP65;

　　(3)传动比:(i 视执行机构而不等)1：13～960;

　　(4)重复定位精度:(工况对设计的要求而选择不同结构的类型)记忆凸轮的转角误差不大于 0.005 rad(0.3°);

　　(5)额定电压:AC:125～250 V,DC:30 V;

　　(6)额定电流:规格有 3 A、6 A、10 A;

　　(7)控制回路:标准回路为 2～4 个,可根据需要增至 5～6 个控制回路。

　　2. 常见的行程限位器及其应用

　　(1)螺杆式行程限位器和极限位置(终端)限制器;

　　(2)蜗轮蜗杆正(斜)齿轮变速器式行程限位器:

　　该型式的行程限位器在国内外处于 20 世纪 70 年代后期水平,由建设部组织联合引进国外技术,国产化进行生产。已在建筑、港口、矿山、水电等工程的机械上广泛推广应用。近期其原理和基本结构未有大的突破,但多在外形、材料、防护等级、运动精度、可靠性等方面有不断的提升。

　　本产品的特点:三坐标的控制和行程限位,具有体积小、功能多、精度高、限位可调、通用性强及安装和使用调整方便。限位器采用可调式机械记忆结构、性能可靠、灵敏度高。带传感器的限位器与相应显示仪表配套时,可模拟显示三维空间的瞬时位置。

　　结构和工作原理:是由高精度的大传动比减速器和其输出轴同步的可调式机械记忆控制机构、传感器组成。与被控制机构同步的位移信号经外接挂轮(或联轴器)变速后与限位器的输入轴联接,经减速器变速转换成输出轴的角位移信号实现(见图 2-15)。

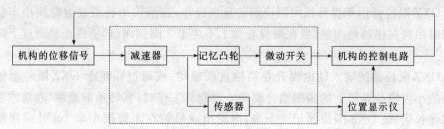

图 2-15　DXZ 限位器

限位器的内部结构及调整部位见图 2-16。

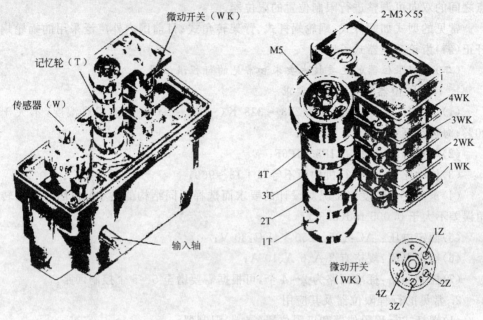

图 2-16　限位器的内部结构及调整部位

回转极限限位的应用：

与回转齿圈啮合的小齿轮装于 DXZ 限位器的输入轴上，当塔机回转时、其回转角度（圈数）被 DXZ 限位器记录下来，当转至设定的位置时，记忆凸轮使微动开关切换；终止回转实现。

小车变幅极限限位的应用：

固定于 DXZ 限位器输入轴上的小齿轮与卷筒上的齿圈啮合，当卷筒工作时其转动的圈数（卷绕或输出的钢绳长度）被 DXZ 限位器记录下来，在给定位置（行程）记忆凸轮使 WK 微动开关切换（或减速器延时切换），从而使小车变幅减速或极限限位。

提升极限限位的应用：

DXZ 限位器用于提升极限限位是防止误操作，在吊钩滑轮组接近臂架小车前或下降时吊钩在接触地面前（或在确保卷筒上不少于 3 圈钢绳时）能终止提升或下降运动。

DXZ 限位器的输入轴由提升卷筒轴直联驱动；或通过固定于 DXZ 限位器输入轴上的小齿轮与卷筒上的齿圈啮合驱动。当卷筒工作时，其转动的圈数（卷绕或输出的钢绳长度）被 DXZ 限位器记录下来，滑轮组或吊钩在距臂架小车 1m 处或接触地面前终止运动。

塔式起重机的回转、变幅、提升下降的极限限位是分别安装 3 个 DXZ 限位器而实现的。

二、行程限位器的作用、工作原理和构造

1. 行程限位器的作用：

用来限制各机构运转时限制运行范围的一种安全防护装置。

2. 行程限位器的工作原理和构造：

行程限位器的执行机构与起重机机构的运动同步位移时，在人为设置的位置触动行程限位器内的开关，输出"通"或"断"切换信息给运动机构的电气控制回路实现对运动的限制，并使运动机构只允许逆向运动（返回）。

行程限位器的构造是由外壳（根据防护和执行机构的要求）和执行机构（如重锤机构、螺杆机构、蜗轮蜗杆、高精度减速器等）及开关（适宜并具瞬时切换）组合为一体构成。

如下降极限位置限位常用螺杆式限位器，见图 2-17。

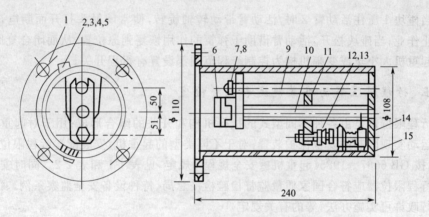

图 2-17　螺杆式限位器（单位：mm）

1—壳体；2—弧形盖；3—螺钉；4—压板；5—垫片；6—十字联轴节；
7—螺母；8—垫圈；9—导柱；10—螺杆；11—滑块；
12—螺栓；13—螺母；14—限位开关；15—螺钉。

螺杆两端分别支承在壳体上，一端通过十字联轴节与卷筒轴相连。当卷筒旋转时，螺杆也随着转动，滑块则在导柱上移动，当吊钩上升（或下降）至极限位置时，滑块触动开关切断电源，从而达到控制起升高度的目的。如改变起升高度，只要调整滑块至限位开关的距离即可（调整时根据起升速度考虑最后停止时的提前量程）。

对有轨运行机构的极限位置（终端）限制器，如上升极限位置限制器见图 2-18。这种位置限制器（开关）常用于起升机构中，它具有带平衡重的杠杆式活动臂。重块

1 的位置用套环来固定，套环套在挂有吊钩的钢绳上。当吊钩升至最高点时，角钢 3 碰上重块 1,并将它提起，由于开关在重锤作用下，触头断开而起到保护作用。它结构简单，但要求准确地抬起重块才能够起作用。

运行极限位置限制器（也称终点行程开关）见图 2-19。

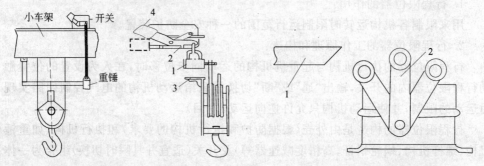

图 2-18　上升极限位置限制器　　　　　　　图 2-19　终点行程开关
1,4—重块；2—挡板；3—角钢。　　　　　　　1—碰块；2—活动臂。

当碰块 1 压住活动臂 2 时，活动臂带动转轴旋转，使常闭触头打开而断电，其机构停止作业；当碰块松开，活动臂借助于弹簧的作用恢复到原位置，从而闭合复原。

起重机大小车或变幅机构为控制行程范围都设置有行程开关。

三、行程限位器的安装规定和调整检定

行程限位器是由各种不同型式的执行机构和开关的组合形成；用于对起重机机构的运动实现限制的安全保护装置；对于不同类型的起重机，安装配置行程限位器的要求，按 GB 6067—1985《起重机械安全规程》规定，见表 1-1 和表 2-2。同时安装配置的行程限位器应符合国家质量监督检验检疫总局《特种设备安全监察条例》、《特种设备行政许可实施办法》等的有关规定。

行程限位器的调整检定可参考生产厂家的文字说明。

第三节　防　风　装　置

一、防风装置的类别和主要技术要求

（一）防风装置的类别：

按照作用方式可分为手动式、半自动式、自动式。

手动防风装置靠手动控制或人力操作起作用，费时费力，只适合在小型起重机上作用；半自动防风装置需要起重机司机控制，有电状况下才能使其工作。如图 2-20 的 75 kN 电动夹轨器。自动的防风装置在起重机停止工作时或断电及在突发阵风的情况下，能自动工作，防止起重机滑行，如图 2-21 的 400 kN 液压弹簧式

夹轨器。

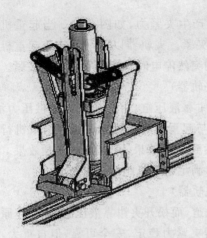

图 2-20　75 kN 电动夹轨器

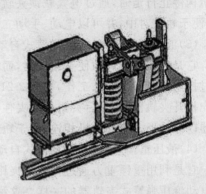

图 2-21　400 kN 液压弹簧式夹轨器

现代起重机的自动防风装置多配有风速仪，根据风压的大小发生音响警报或自动将运行机构断电，并使防风装置自动处于工作状态。自动防风装置应有延时功能，保证大车运行机构制动停车若干秒后，防风装置才起作用，以免突然止动，引起过大的惯性力。自动的防风装置常用于大中型起重机。

根据工作原理不同，防风装置又可分：压轨式、夹轨式、自锁式等几种。

压轨式防风装置是利用起重机的一部分重力压在轨顶上，通过其间摩擦力来达到止动作用的。这种防风装备有手动、电动等型式。

1. 手动铁鞋

手动铁鞋是需要靠人工将它放在车轮和轨道之间插入和拔出，使用不方便，和运行机构没有电路联锁，有时会因失误造成事故。

2. 电动铁鞋（防爬器）

电动铁鞋是利用电力液压推动器的作用使落在轨道面上带摩擦块的铁鞋提起或放下，起到阻止行走轮的滑动或滚动的作用。

3. 顶轨器

起重机在断电时，顶轨器在弹簧作用下，推动顶块压在轨道上起到防滑作用。当起重机行走时，液压装置将顶块抬起，离开轨面使起重机正常运作，轨道的波浪度影响其对轨道的压紧力而影响到顶轨器的防风能力。

夹轨式防风装置即夹轨器是通过夹钳夹住轨道头部两侧，利用所产生的摩擦力来阻止起重机的移动。其类别为：

(1)手动式夹轨器

其原理大多是靠拧紧螺杆使夹钳产生夹紧力，因夹紧靠人力，夹紧力有限，安全性差。

（2）电动弹簧式夹轨器

它是由减速机通过螺杆压缩弹簧，使夹钳产生夹紧力，如图 2-20。当起重机行走机构停止行走时，通过电气联锁夹轨器自动夹紧。夹轨器以浮动形式与起重机连接，便于轨道对中，并可以电动、手动二用，遇到突然停电时只能用手动方式夹紧。

（3）液压弹簧式夹轨器（弹簧式自动常闭夹轨器）

它是利用弹簧弹力使夹钳夹紧，而松开夹钳靠液压缸，由液压泵站提供压力油，通过控制电磁阀使油缸工作，如图 2-21。油泵与起重机行走机构联锁。起重机行走前先打开夹轨器，断电后夹钳自动夹住轨道，达到防滑效果，并有防侧倾翻效果。夹轨器以浮动形式与起重机相连，便于轨道对中，满足起重机跑偏要求。

（4）液压重锤式夹轨器（重锤式自动常闭夹轨器）

它是利用重锤重力通过杠杆使夹钳夹紧轨道，而松开夹钳靠液压缸，其工作原理和电动液压弹簧式夹轨器的一样。这种夹轨器夹紧力稳定，安全可靠，但自重大，维护不方便。

自锁式防风装置是利用自锁原理，其夹紧力由风力自动产生，风愈大，夹紧力也愈大。但由于这种结构很难解决轨道对中问题，影响了夹紧力，夹不住轨道的事也时有发生。

（二）防风装置的主要技术要求

防风装置无论其形式如何，都应满足以下要求：夹轨器的防滑作用应由其本身构件的自重（如重锤等）以自锁条件或弹簧的作用来实现，而不应只靠驱动装置的作用来实现。运行机构制动器的作用应比防风装置动作时间略为提前。防风装置应能保证起重机在非工作状态风力作用下而不被大风吹跑，在确定防风装置的防滑力时，应忽略制动器和车轮缘对钢轨侧面附加阻力的影响。

1. 与行走机构的联锁保护

防风装置是阻止行走机构运动的安全装置，通常防风装置非工作状态时行走机构才能运动；防风装置工作状态时行走机构不能运动。否则将造成重大事故。因此防风装置与行走机构的联锁保护十分重要，与此相关的联锁电路元件及限位开关务必经常检查。

2. 适应大车的跑偏

目前国外夹轨器大部分采用浮动结构，即夹钳座和夹住钢轨的夹钳机构没有任何连接。夹钳座用螺栓和起重机行走机构钢架连接，夹钳机构则依靠车轮跨骑在钢轨上。尽管起重机跑偏，但夹钳机构则始终对称跨骑在钢轨两侧。这样就适应起重机大车车轮跑偏。

3. 保持额定的防风力

由于种种原因钢轨会产生许多变形如波浪度、头部变大、变硬、磨损等。一般浮动结构的防风装置具有自动补偿功能，应能夹紧钢轨或顶住车轮。变形特别大的情况下就需要修整钢轨,以保证达到额定的防滑力。

　　使用防爬器或夹轨器时,摩擦块和钳口铁都会磨损从而影响摩擦系数及防滑力。当磨损到影响防滑力时应及时更换。

　　4. 液压系统的技术要求

　　液压系统是防风装置的动力单元,由于漏油、保压不好会使防风装置不能正常工作。夹轨器如果保压不好,会使电机频繁起动影响使用。因此液压系统必须定时检查,发现油质不好立刻更换。

　　5. 防风装置安装技术要求:

　　防风装置都应安装在起重机行走机构的钢架上,不同形式的防风装置有不同的要求,现分述如下:

　　(1)防爬器安装技术要求:以 FPⅡ型防爬器为例,其结构如图 2-22 所示。

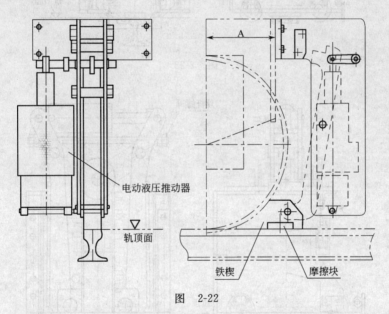

电动液压推动器

轨顶面

铁楔　　　摩擦块

图　2-22

　　防爬器的铁楔在出厂时已调整到设计要求,只需将防爬器固定到起重机上即可。但在现场安装时,由于起重机和防爬器的连接架的误差的影响,需要重新检查,且在使用一段时间后,也应定期检查和调整,否则,防爬器就达不到应有的防爬效果。

　　(2)夹轨器安装技术要求:

　　如图 2-20 的 75 kN 电动夹轨器,它的结构安装如图 2-23 所示。400 kN 液压弹簧式夹轨器,它的结构安装简图如图 2-24 所示。

　　安装时要将夹轨器安装到主机上,必须先用手动油泵或拧紧丝杆螺母的方法(如果是电动夹轨器,先用专用扳手旋转丝杆)使夹钳张开,然后将夹轨器吊到轨道上,这时应注意使两车轮跨骑在轨道上。并注意使两夹钳对称于夹轨器的中心线,

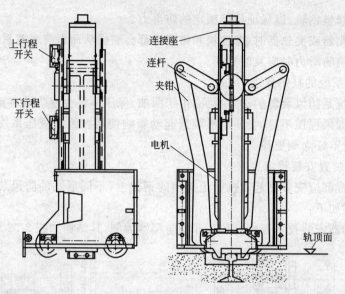

图　2-23

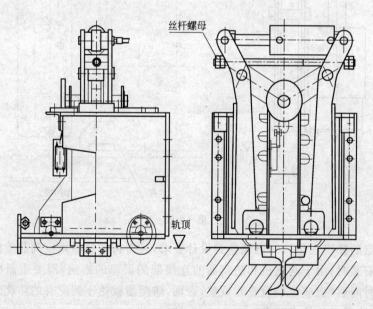

图 2-24

这样能保证夹钳座相对于夹钳能作左右各约 20 mm 的偏移。如果主机的固定面与夹钳座法兰面不平行,必须用锲形垫片把它垫平行,这时两夹钳中心线、夹钳座中心线、主机行走轮中心应处于一条直线上,定好位置后,用 8.8 级螺栓将夹钳座固定在主机上。

二、防风装置的作用、工作原理和构造

1. 防风装置的作用是防止起重机被大风吹走、吹倒,造成严重的机械设备事故和人员伤害事故。

2. 夹轨器的工作原理和构造。

手动式夹轨器见图 2-25。

在图 2-25 中,1 为手轮,2 为螺杆,3 为螺母,4 为连杆,5 为夹钳臂,6 为联接板。用手转动手轮,即可夹紧轨道,它是用夹钳夹紧钢轨头部的。这种装置构造简单,方便操作,但夹紧力有限,夹紧动作慢,安全性稍差,一般用于中小型起重机上。

液压重锤式夹轨器见图 2-26。一对夹钳、杠杆、油缸固定在机身上。通过油缸的活塞杆伸缩,带动配重块升降,使夹钳的钳口开度变化(松开或夹紧)。夹轨器的电路与主机行走电路联锁,即在夹轨器的钳腿完全张开后,大车行走电路才能接通。夹轨器钳腿的张开靠其自身的液压系统,其工作方式与后述的液压弹簧式夹轨器相同。

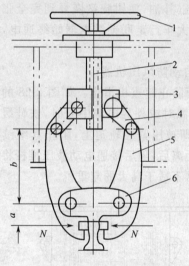

图 2-25　手动式夹轨器

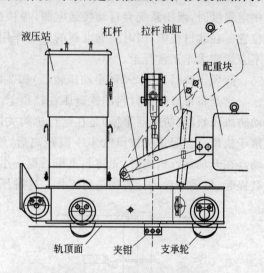

图 2-26　液压重锤式夹轨器

电动夹轨器的夹紧是以电机为动力,通过弹簧、连杆、夹钳及钳口铁来实施对钢轨的夹紧。电动夹轨器的电路与主机行走电路联锁,在夹轨器的夹钳完全张开后,大车行走电路才能接通,并有指示灯指示。

夹轨器电机通电旋转时,带动相关零件向上运动,通过连杆使夹钳和钳口铁接触钢轨侧面,达到额定夹紧力时撞盘触动上限位切断电机电源,拖住主机,使主机不被大风刮走。

夹轨器电机通电反向旋转带动相关零件向下运动,通过连杆使夹钳和钳口铁张开,当钳口铁和钢轨侧面间隙达到一定时,撞盘触动下行程开关,切断电机电源。

当非正常因素而突然断电时,可卸下连杆座上面的盖子,将扳手插入到螺杆的方

杆上,用力扳动扳手,可使夹钳张开或夹紧。

液压弹簧式夹轨器的夹紧是以弹簧为动力,通过连杆、夹钳及钳口铁来实施对钢轨的夹紧。

夹轨器的电路与主机行走电路联锁,即在夹轨器的夹钳完全张开后,大车行走电路才能接通。

夹轨器夹钳的张开靠其自身的液压系统。在主机行走机构开始行走前,接通夹轨器的油泵电机和电磁阀的电源,让压力油进入油缸前腔,推动活塞,压缩弹簧,以使夹钳张开。当撞盘切断限位开关后,主机才能开始行走。油泵电机断电后,液压系统因有保压作用,从而保证夹钳处在张开位置。

若要夹轨器夹紧钢轨,则应使压力油流回到油箱中去。压力油回流时,经过单向节流阀的节流作用,就可使夹钳的闭合时间随意调节,以保证夹钳与钢轨接触前主机能停下来。

由于液压系统存在内泄漏,夹钳张开后,经过一段时间,张开度会减少,当减少到一定程度时,液压系统会自动接通电源,很快向油缸补油,使钳腿又恢复到完全张开位置。在此过程中,因时间继电器的延时作用,使大车行走联锁继电器始终通电,故不会影响大车正常行走。

防风压轨器见图 2-27(手动压轨器)和 2-28(自动防风压轨器)。

它是将带有摩擦衬料的铁鞋压在轨顶上,从而防止起重机滑走。如图 2-28 的自动防风压轨器(防爬器Ⅰ型)是在运行机构关断电源时或外界电源中断时,铁鞋缓缓落于轨顶。当起重机被风吹走一段距离后,铁鞋即被压紧在轨道上,阻止其继续移动。在开动运行机构时,先将起重机后退一小段距离后,随后接通电动液压推杆将铁鞋提起,然后开动运行机构进行工作。这种压轨器不适于高大的起重机。

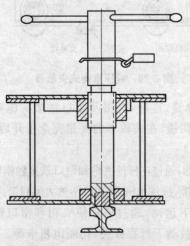

图 2-27　手动压轨器

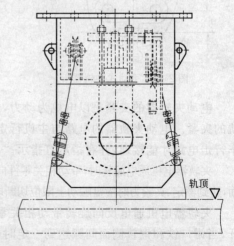

图 2-28　自动防风压轨器

防爬器的工作原理和构造。如前面图 2-22 所示,防爬器 FPⅡ型:通电工作时,铁鞋在电力液压推动器作用下提起离开轨面,然后起重机行走。当起重机停车时(即断电),铁鞋自动落下,当起重机被风吹动时,车轮压在铁鞋上,使起重机无法移动,达到防风制动效果。由于它安装在起重机行走轮端面,轨道的波浪影响可以忽略。故使用效果较好。一般每台起重机安装四个,按运行的方向,每侧安装两个。尽可能地安装在离起重机重心较近的地方。

防风固定装置(也称锚泊装置)见图 2-29(拉杆式固定装置),当风速超过规定值时,把起重机开到设有锚泊装置的地段,采用锚柱把起重机与锚泊装置固定起来。大风过后再拆除固定用的轴销恢复原状。

三、防风装置的安装规定

防风装置(也叫防爬、防滑、锚泊装置),主要用在露天作业和迎风面积较大的起重机(如室外工作的装卸桥、门式起重机、斗轮堆取料机、门座起重机等设备)上,是起重机非工作状态

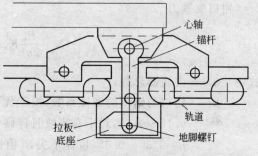

图 2-29 拉杆式固定装置

下的安全防风措施。国内外由于未安装防风抗滑装置或装置失灵而使起重机被大风吹走,以致造成跑车、撞车、翻车的严重事故时有发生,因此,对于这种安全装置应给予足够重视。

防风装置对于不同种类的起重机,有不同的安装配置要求,按 GB 6067—1985 规定,参见表 1-1、表 2-2。

目前世界上许多国家规定:风速超过 16 m/s(相当七级风,风级数据见表 2-3 风级表)时,露天作业的起重机要停止工作,并使用夹轨器。

表 2-3 风 级 表

风级	风速(m/s)	风压(MPa)	风级	风速(m/s)	风压(MPa)
0	0	0	5	7.5~9.8	0.5~0.6
1	0.6~0.7	0.006	6	9.9~14.4	0.7~1
2	1.8~3.3	0.02~0.05	7	14.5~15.2	1.2~1.8
3	3.4~5.2	0.1~0.15	8	15.3~18.2	2~2.5
4	5.3~7.4	0.2~0.4	9	18.3~21.5	2.7~3

四、夹轨器计算

目前龙门吊中应用最多的是手动螺杆式夹轨器,下面主要介绍手动螺杆式夹轨器的计算,电动螺杆、液压弹簧式夹轨器可以参照它计算。

设计夹轨器时,应保证起重机在非工作状态风力作用下保持不动。设计夹轨器确定夹紧力时,忽略制动器和车轮轮缘对轨道侧面摩擦的影响。夹轨器产生的夹紧力 P_z 需大于起重机的滑行力 P_h,即

$$P_z \geqslant P_h = P_{f\mathbb{I}} - P_p - P_m (\text{N})$$

式中　$P_{f\mathbb{I}}$——非工作状态时,沿运行方向作用在起重机上的风载荷(N);

　　　P_p——空载起重机在坡道上的下滑力,$P_p = KG$,轨道坡度阻力系数 $K = 0.03$;

　　　G——起重机的自重(N);$P_m =$ 起重机运行摩擦阻力(N)。

钳口夹紧力

$$N = \frac{P_h}{2n\mu} K_n \quad (\text{N})$$

式中　n——夹轨器总数;

　　　μ——钳口与钢轨的摩擦系数,对于无齿纹且未经热处理的 50 号钢钳口 $\mu = 0.12 \sim 0.15$,对于有齿纹且淬硬(HRC≥55)的 65Mn、60SiMn 号钢钳口 $\mu = 0.30 \sim 0.35$,齿锋不尖,μ 值也要降低($\mu = 0.2$);

　　　K_n——为安全系数。

钳口面积　　　　　　　　$F = \dfrac{N}{[\sigma_{jy}]}(\text{cm}^2)$

式中　$[\sigma_{jy}]$——许用挤压应力,表面硬度 $HB = 350 \sim 450$ 的 65Mn 或 60Si₂Mn$[c_{jy}] = 20\,000 \sim 25\,000$ N/cm² 未经淬火的 40、50 号钢,$[\sigma_{jy}] = 8\,000$ N/cm²。

施到手轮上的旋转力矩

$$M = \frac{P_h ar}{nb\mu} tg(\alpha + \rho) \frac{1}{tg\beta}(\text{N} \cdot \text{cm})$$

式中　r——螺杆螺纹平均直径(cm);

　　　α——螺纹升角,根据自锁条件要求 $\alpha = 4° \sim 5°$;

　　　ρ——螺旋副摩擦角,对于钢制螺杆和青铜制螺母 $\rho = 4° \sim 6°$,对于钢制螺杆和螺母 $\rho = 8° \sim 9°$;

　　　a, b——杠杆臂长度(cm),一般取 $\dfrac{a}{b} = \dfrac{1}{3} \sim \dfrac{1}{4}$;

　　　β——螺杆轴线与上部杠杆轴线的夹角,夹紧后可取 $\beta = 65° \sim 75°$。

螺杆轴向力 $S = \dfrac{2Na}{b\eta tg\beta}$,式中 η 为效率,取 $0.3 \sim 0.4$。按压缩及旋转的合成计算螺杆直径。

起重机防风装置的计算与选择请参阅《港口装卸》2007 年第二期的"港口门座起

重机防风装置的计算与选择"一文。

第四节　防碰撞装置

一、防碰撞装置的类别和主要技术要求

防碰撞装置的多种类型目前主要有：激光式、超声波式、红外线式和电磁波式等类型。

主要技术要求：根据起重机类型和运行速度在用户要求的时间内，起重机能及时减速或停车，防止与其他起重机或物体发生碰撞，提高工作效率，减少不必要的意外事故发生。

二、防碰撞装置的作用、工作原理和构造

1. 防碰撞装置的作用

对运行速度较高或同轨道多台使用的起重机，安装防碰撞装置的作用是为了防止起重机与其他物体及起重机之间的相互碰撞。

2. 典型的防碰撞装置的工作原理和构造

多种类的防碰撞装置都是利用光或电波传播反射的测距原理，在两台起重机之间或起重机与建筑物之间，设定相对运动的距离，到达此距离时，自动发出报警，并同时还可发出停车指令。超声波式防碰撞装置，见图 2-30 安装位置图。

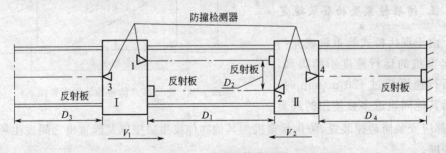

图 2-30　检测安装位置图

整套装置由防撞检测器、控制盒及反射板等组成。检测器一般安装在走台上，反射板安装在另一台起重机（或墙壁）的相对位置上。控制盒安装在司机室内。防撞检测器原理框图见图 2-31。

电磁波式防碰撞装置。它的检出距离为 $5\sim20$ m，灵敏度高，动作误差时间为 1 s。它不受太阳光、水银灯光、风声、金属敲击声的影响，可以准确地工作在有烟、尘和蒸汽的环境中。

要求环境温度在 $-10\ ℃\sim+60\ ℃$ 的范围。使用电磁波的频率为 1.0525×10^4 MHz，

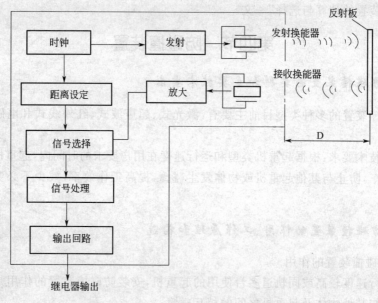

图 2-31　防撞检测器原理框图

发射角度为 $\theta = 30°$，危险距离 $L_0 = \sqrt{50^2 - D^2}$ 见图 2-32，使用时可根据具体情况做适当调整。

三、防碰撞装置的安装规定

由于现代桥式起重机或龙门式起重机的运行速度不断提高，对运行速度超过 120 m/min 时，包括其他同轨道多台使用的起重

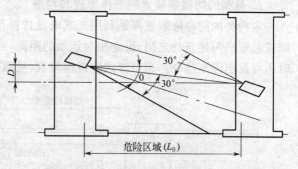

图 2-32　电磁波式防碰撞装置布置图

机，都应安装防碰撞装置，防止起重机与其他物体发生碰撞以及起重机之间发生相互的碰撞。

第五节　缓　冲　器

一、缓冲器的类别和主要技术要求

常用的缓冲器类别有：木材式、橡胶式、聚氨酯式、弹簧式和液压式等。

二、缓冲器的作用、工作原理和构造

缓冲器的作用是减缓起重机（或小车）运行到终点挡止器时或两台起重机相互碰

撞的冲击,具有吸收运行机构的碰撞动能,将碰撞动能转化为弹性势能吸收。

典型橡胶缓冲器的性能和主要尺寸见图 2-33 及表 2-4。

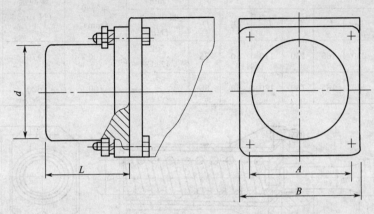

图 2-33

表 2-4 典型橡胶缓冲器性能及主要尺寸

尺寸（mm）				缓冲行程	缓冲容量	质量
d	L	A	B	S(mm)	[A](N·m)	(kg)
60	60	80	60	36	150	1.4
100	100	150	110	60	700	5.3
120	120	170	130	72	1 200	6.2
145	145	260	210	87	2 150	9.2

这种缓冲器结构简单,但缓冲能力小,仅为 0.9 N·m/cm³,用于运行速度 ≤50 m/min的情况,适用环境温度范围－30 ℃～50 ℃。

弹簧缓冲器应用较广,构造与维修也较简单,对环境温度没大影响,吸收能量大,约为 100～250 N·m/kg(弹簧)。其性能及主要尺寸见图 2-34,小车用弹簧缓冲器的技术性能及规格见表 2-5。大车用弹簧缓冲器性能及规格见图 2-35 及表 2-6。

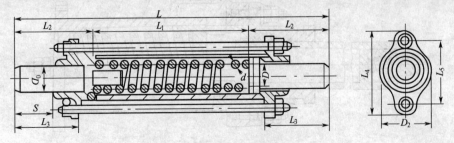

图 2-34 小车用弹簧缓冲器示意图

表 2-5　小车用弹簧缓冲器的性能及规格

规格(mm)								弹簧(mm) 自由长度 D/d_1	最大缓冲行程 (mm)	缓冲量 (N·m)	质量 (kg)
L	L_1	L_2	L_3	L_4	L_5	D_0	D_2				
900	500	200	165	150	110	50	76	502 47/13	100	470	28
960	560	200	165	160	120	50	85	570 55/15	100	620	37

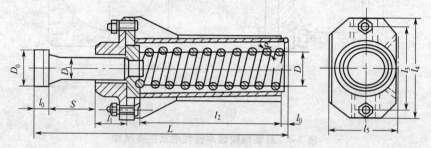

图 2-35　大车用弹簧缓冲器示意图

表 2-6　大车用弹簧缓冲器性能及规格

规格(mm)								弹簧(mm) 自由长度 D/d	最大缓冲行程 (mm)	缓冲量 (N·m)	质量 (kg)
L	l_0	l_1	l_2	l_3	l_4	l_5	D_0				
962	30	80	540	230	290	190	140	545 100/25	140	2 200	62
977	30	80	605	230	290	200	140	612 120/30	140	3150	82
1 125	30	115	680	250	300	210	140	685 140/35	150	4600	113

弹簧缓冲器用于运行速度在 50～120 m/min 的范围情况下。

液压缓冲器见图 2-36。

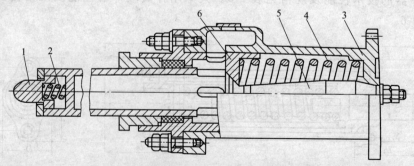

图 2-36　液压缓冲器

1—撞头；2—弹簧；3—油缸；4—弹簧；5—心棒；6—活塞。

当运动物体撞到缓冲器时,活塞 6 压迫油缸 3 中的油,使它经过心棒 5 与活塞间的环形间隙流到存油空间去。设计适当心棒形状,可保证油缸里的压力在缓冲过程中是恒定的,达到匀减速的缓冲。

还可在油缸壁上设置一系列的小孔,运动物体的动能几乎全部通过节流变为热能,因而不再有反弹作用。复原弹簧 4 使活塞在完成缓冲作用后回复到原位。

在常温情况下液体用锭子油或变压器油,低温环境下应当用防冻的液体如甘油溶液等。此缓冲器的缺点是构造复杂,维修麻烦。用于碰撞速度大于 2 m/s 或碰撞动能较大的情况下。

对有两个以上液压缓冲器时,应将它们的压力油腔连通,使压力均衡。

液压缓冲器的行程可以是弹簧缓冲器的行程的二分之一(尺寸小),且缓冲力为恒定,而弹簧缓冲力是线性变化的。其对比见图 2-37。

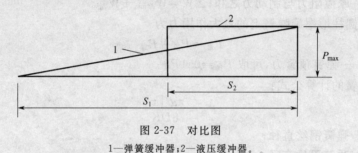

图 2-37　对比图

1—弹簧缓冲器;2—液压缓冲器。

瑞典 ASEA 公司的液压缓冲器技术参数见表 2-7。

表 2-7　液压缓冲器技术参数

型　号	容　量 (N·m)	缓冲力 (t)	活塞冲程 (mm)	净　重 (kg)	油　量 (L)	最大缓冲量 (t)	喷嘴数量
220	43 000	30	220	34	1.9	20～90	10
320	135 000	65	320	77	4	40～200	14
501	200 000	65	500	280	16	40～650	14
502	400 000	110	500	340	19	40～650	14

三、缓冲器的安装规定

对于起重机的缓冲器,不同类型的起重机,有不同的安装配置要求,按《起重机械安全规程》规定,见前面的表 1-1 和表 2-2。

一般是运行机构运行速度在 40～120 m/min 范围均应安装缓冲器。

四、缓冲器的计算

计算缓冲器的原始数据是冲击质量 M 与碰撞速度 vp,也就是冲击动能 A(容量)。

1. 弹簧缓冲器的计算

　　弹簧缓冲的能量方程式

$$\frac{1}{2}P_{靠}S=\frac{GV_0^2}{2n}-\frac{\sum WS}{n}$$

式中　S——最大缓冲距离,即弹簧最大压缩量,对大车缓冲器推荐 0.09～0.15 m,
　　　　　　对小车缓冲器推荐 0.08～0.1 m;

　　　$P_{靠}$——弹簧靠紧(压缩)时的最大作用力;

　　　G——撞击质量;

　　　v_0——撞击瞬时速度,对驱动轮数为总轮数的 1/2 时,取 $v_0=(0.3～0.6)v_{额}$,
　　　　　　等减速度 $a<5.6$ m/s²;对于全为驱动轮的起重机或变速运行小车,取
　　　　　　$v_0=v_{额}$,等减速度 $a=5～10$ m/s²;

　　　$\sum W$——摩擦阻力与制动力之和;$\sum W=W_{摩min}+W_{制}$。

　　作用在圆柱形螺旋弹簧上的最大作用力为

$$P_{最}=P_{预}+P_{靠}$$

式中　$P_{预}$——弹簧预紧力,可取 $P_{预}=0.1P_{靠}$。

　　根据弹簧的计算公式:

$$P_{最}=\frac{\pi d^3[\tau]}{8DK}$$

式中　d——弹簧钢丝直径;

　　　D——弹簧平均直径;

　　　K——弹簧曲率影响系数,一般取 $K=1.4～1.7$;

　　　$[\tau]$——许用扭应力。

弹簧钢丝直径:	$d=\sqrt[3]{\dfrac{8DKP_{最}}{\pi[\tau]}}$
弹簧圈数:	$m=\dfrac{GSD^4}{8D^3P_{最}}$

式中　G——弹簧材料剪切变模量。

　　2. 液压缓冲器的计算

缓冲距离:　　　　　　　　　　$S=\dfrac{v_0^2}{2[a]}$

式中　v_0——撞击瞬时速度(m/s)。

　　　$[a]$——允许的缓冲减速度(m/s²),一般取 $[a]=10～20$ m/s²。

其余符号同前。

　　缓冲过程中的活塞速度根据液压缓冲器速度曲线变化规律,在缓冲过程中任一
瞬时,活塞的运动速度 $v(t)$ 为:

$$v(t)=v_0\left(\frac{t_0-t}{t_0}\right)　　v(t)=\delta v_0$$

式中:$\delta=1-\dfrac{t}{t_0}$,当时间从 $0-t_0$ 的过程中,δ 值由 $1-0$ 的范围内变化,而活塞的

速度由 $v_0 - 0$ 范围内变化。

缓冲时间 t_0 和活塞运动距离的关系式

$$S = \int v(t)\mathrm{d}t = \int v_0 \left(1 - \frac{t}{t_0}\right)\mathrm{d}t$$

$$S = v_0 t - \frac{1}{2}v_0\frac{t^2}{t_0}$$

将 $t = (1-\delta)t_0$ 关系式代入上式,经整理得:

$$S = \frac{1}{2}v_0 t(1-\delta^2)$$

$$S = S_0(1-\delta^2)$$

活塞的有效面积 $F_{活}$ 根据力的平衡原理

$$P_{max}F_{活} = G[a] - \sum W$$

$$F_{活} = \frac{G[a] - \sum W}{P_{max}}$$

式中　P_{max}——油液工作压力,一般取 $P_{max} = 600 \sim 1\,200$ N/cm²。

小孔的断面积按流体经过薄壁小孔的流量公式

$$Q = f(t)c\sqrt{\frac{2P}{\rho}}$$

式中　$f(t)$——节流小孔的总面积;

　　　C——流量系数,取 $C = 0.6 \sim 0.73$;

　　　P——油缸压力;

　　　ρ——油体密度,对液压油 $\rho = 900$ kg/m³。

第六节　风　速　仪

1. 风速仪的类别和主要技术要求

风速仪又称风速风级报警器,可用于安装在露天工作的起重机上。对臂架铰点高度大于 50 m 的塔式起重机及金属结构高度等于或大于 30 m 的门式起重机应设置风级风速报警器。起重机上一般使用的风速报警仪的主要技术指标如下(以 EY1-2A 为例):

(1) 测风范围:0~40 m/s;

(2) 精确度:$\pm(0.5 + 0.05v)$ m/s;

(3) 风速显示:三秒钟的连续平均风速,分辨率为 0.1 m/s;

(4) 起动风速:≤1.5 m/s;

(5) 预警报范围:2~40 m/s,任意设置;

(6) 警报范围:2~40 m/s,任意设置;

(7)电源：AC220 V(1±10％)，50 Hz；

(8)遥测距离：20 m(最长可传输 100 m，用户自行选用)。

2.风速仪的作用、工作原理和构造

由风杯带动测速发电机测量风速；由风向标带动电位计式自整角机变送器测量风向。

有由三杯式风速传感器或平板风标式风向传感器组成；有由螺旋浆和舵翼构成小飞机形，集风速、风向传感器于一体；有采用国外通用的电位器作为风向敏感元件。

3.风速仪的安装规定

按《起重机械安全规程》规定，见表1-1和表2-2。当风力大于6级时能发出报警信号，并能显示瞬时风速风级。沿海工作的起重机一般设定在七级发出报警信号。

第七节　偏斜指示或偏斜限制装置

1.偏斜指示或偏斜限制装置的类别和主要技术要求

常见防偏斜、偏斜指示调整装置有钢丝绳式、凸轮式、链式和电动式及自动式装置。

一般龙门起重机运行的偏斜量控制在跨度的 5‰ 以内。对 $L_k = 40 \sim 70$ m 的龙门起重机，其偏斜量允许在 200～300 mm 范围内；对 $L_k = 100 \sim 120$ m 的龙门起重机和装卸桥，偏斜量允许在 500～600 mm。

2.偏斜指示或偏斜限制装置的作用、工作原理和构造

对于大跨度的桥式起重机和龙门起重机，由于轨道安装的各种偏差，车轮制道和安装偏差，传动机构的偏差，以及运行阻力不同，常造成起重机偏斜运行，即一边超前，一边滞后，严重的造成啃轨，使起重机金属结构和运行机构受到损坏。防偏斜、偏斜指示调整装置的作用就是对此偏斜进行随机指示和调整，控制在偏差的允许值内。链轮式防偏斜装置见图2-38。

当龙门起重机运行发生偏斜时，转动臂发生转动，在转动壁上的偏斜杆或顺时针或反时针偏斜，偏心杆端的链轮8，通过链条使驱动链轮4转动，再经变速器6放大，使旋转开关7动作。

根据偏斜量的不同，旋转开关发出不同的信号，以显示偏斜量，再通过机械系统纠偏以达到防偏的目的。电动式偏斜指示装置见图2-39。

滚轮2直接顶在轨道侧面，正常运行的起重机车轮轮缘与轨道单侧间隙20～30 mm。

图2-40是偏斜指示装置的原理图，主要由铁芯5、线圈6、变压器10和电桥12等组成。

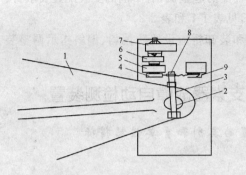

图 2-38 链轮式防偏斜装置

1—传动臂；2—铰轴；3—斜偏杆；4—驱动链轮；
5—轴承；6—变速器；7—旋转开关；
8—偏斜杆端链轮；9—张紧链轮。

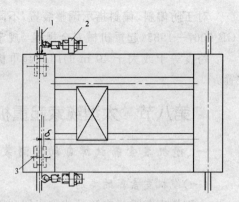

图 2-39 偏斜指示装置安装图

1—轨道；2—滚轮；3-轮缘。

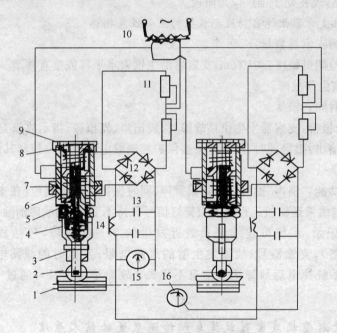

图 2-40 偏斜指示装置的原理图

1—轨道；2—滚轮；3—顶杆；4—弹簧；5—铁芯；6,8—线圈；7—固定螺母；
9—外壳；10—变压器；11—电阻；12—电桥；13—电容；14—电抗；15、16—毫安表。

当起重机正常运行时，装置的顶杆 3 和铁芯 5 有相同的位移量，毫安表 16 指示在零位。当起重机运行偏斜时，装置铁芯的位移量不同，从而破坏电桥的平衡，毫安表指针移动，有电的信号发出，并同纠偏机构联锁。

3.偏斜指示或偏斜限制装置的安装规定

对于防偏斜、偏斜指示调整装置,不同种类的起重机,有不同的安装配置要求,按GB 6067—1985《起重机械安全规程》规定,见表 1-1 和表 2-2。

跨度等于或大于 40 m 的门式起重机和装卸桥应设置防偏斜、偏斜指示调整装置。

第八节　大型缆索起重机支索器故障自动检测装置

一、缆机支索器故障自动检测装置的类别和主要性能指标

(一)缆机支索器的类别

大型缆索起重机有移动式支索器和固定式支索器两种方式,进口的德国产品,对于大跨度的缆索起重机多数使用固定式支索器的方式。由于在我国应用的缆索起重机不是很多,支索器故障自动检测装置因实际工程安全施工的需要,最近几年才开发完善了此产品,现在处于推广应用阶段。

(二)缆机支索器故障自动检测装置的主要性能指标

1. 可监测支索器数量:≤28 个。

2. 位移检测灵敏度:<10 cm,支索器沿主钢索水平移或垂直移动≥10 cm 时,系统能检测出该位移故障。

3. 响应时间:<1 s。

4. 声、光报警:支索器发生位移故障时,发出声、光报警,指示故障支索器编号。

5. 保护输出:报警同时,两组开关型保护控制继电器供用户控制其停止运行,避免故障扩大。

6. 消声功能:"消声"键可以消除报警声,同时保护继电器复位(在支索器故障恢复前可以控制缆索运输机运行),但报警灯信号保持不变,直到故障消除。

7. 故障记录:系统可连续记录最近发生的 256 次故障,包括故障类型(故障/断路/短路);支索器号;故障发生前的线路电阻;发生时的线路电阻;发生时间等信息。系统掉电后故障记录信息不丢失。故障记录信息可通过 LCD 显示屏查看。

二、缆索起重机支索器故障自动检测装置的技术原理

缆索起重机是大型水电工程施工中的重要设备,它的主钢索悬在坝体施工现场100~300 m 上空,覆盖大坝施工作业面,它的起重运输量很大(15~30 t),小车沿主钢索的移动速度达 7.5 m/s。它的下方就是人员和施工设备密集的大坝施工作业面。支索器由特种钢材制成,每个重 75 kg 左右,数十个支索器按 50 m 间距由索夹固紧在主钢索上,主钢索粗 102~104 mm,长 1 000 多米悬挂在高空。当支索器发生故障时可能会脱离主钢索落向地面,这将造成严重的人身事故和设备损失。自动检

测装置对缆索起重机出现故障时的多个支索器进行实时监测报警,当某支索器发生故障,支索器必定产生一定量的空间位置变化,即"位移",这将导致与支索器有联结关系的短接器断开,从而使传感电路总电阻值 R_{AB} 发生变化,增加与该支索器相关的位移传感器的电阻值。

因此,通过检测总电阻 R_{AB},以判断支索器有无位移故障,以及是哪个支索器发生故障,从而达到及时报警和监控的目的。

三、缆机支索器故障自动检测装置的开发研制

以三峡工程建设为例:在大坝轴线上两台摆塔跨度 1 400 多米的德国 KRUPP 生产的 20T/1416M 高架摆塔式缆索起重机,承担着二期工程主坝段金属结构安装及混凝土浇筑等垂直、水平运输的重要任务,缆索起重机的支索器(俗称承码)由于高强度的连续作业,在使用中因故障发生过与起重小车相碰撞造成设备损坏的事故,对相关工程造成较大影响,为保证今后支索器在使用中发生故障时得到监测及及时报警,避免事故的影响扩大,进行缆索起重机支索器故障位移检测装置的开发研制成为必须开展的工作。该项目目前国内外尚无相关技术借鉴,技术难度较大,但通过有关专家的共同努力,该装置研制安装后投入生产运行,并经专家鉴定验收,达到了预定要求。

(一)研制的目的及内容

1. 装置研制的目的:

三峡工程使用的缆机,先后曾发生支索器拉坏引起的设备停机事故,经研究分析,均可归结为支索器相对于主钢索(直径 $\phi102$ mm)产生了相对位移,包括垂直位移(脱落)和水平位移(滑动)。检测装置通过直接检测支索器与主钢索之间的相对位移,有效地对支索器故障进行监测,采用声光报警等方式及时发现事故苗头和控制事故的发生及扩大,从而解决因支索器故障而导致的缆机设备损坏事故。

2. 装置研制有关内容:

(1)在施工现场了解缆机的性能及工况;

(2)分析已经发生的支索器损坏事故,进行装置研制的方案设计并进行对比和论证;

(3)关键技术分析及解决方法;

(4)装置系统结构及工作原理;

(5)导线在主钢索上可靠的固定方法研究;

(6)系统功能及特点。

(二)解决的技术问题

1. 如何对支索器上的检测器供电:

采用单回路串联型小电流恒流供电方式,工作电流1.2 mA,开路电压<6.5 V,短路电流<2 mA,因此线路简单、安全。

2. 如何实现28个支索器上的检测器信号传送:

对28个支索器位移故障检测传感器采用串联方式连接进行供电和信号检测、传送。供电与检测信号合为一体,因此整个检测传感系统十分简洁,见图2-41。

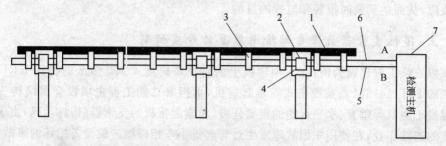

图 2-41　检测传感系统

1—缆索机主纲索;2—支索器;3—索卡;4—位移故障检测器;
5—导线 B;6—导线 A;7—检测主机。

3. 导线在主钢索上如何可靠地固定(索卡必须是非金属,且重量轻、耐高低温、抗油污、抗老化):

按主钢索几何形状专门研究设计贴附式钢缆联结索卡和索卡模具,采用工程塑料加工制作索卡,并在索卡内增加三个钕铁硼高性能永磁铁,进一步提高索卡的承重能力。实测表明,每个索卡的重量为100 g,安装后的索卡垂直承重可达11 kg,45°斜拉承重为6 kg以上。缆机钢索上共用索卡600个,总承重能力达3 600 kg以上,主钢索下装置所设导线总重不超过60 kg,是索卡总承重能力的1/60,因此导线在主钢索上的固定是十分可靠的。

恶劣天气情况下的考验:2002年4月15日15时,故障检测装置安装调试完毕后,交由现场试运行,晚上到第二天(16日晨8时半),大到暴雨持续10多个小时,坝区瞬间风力达到8级,雷电为强等级雷暴,气温骤降10多摄氏度(当地气象台提供),缆机支索器故障检测系统运行显示正常,经恶劣天气情况考验,装置工作正常。显示值在允许范围内,防雷电、抗干扰功能正常,达到了系统设计要求。

(三)安装中取得的经验与存在的问题

为了提高信号线的抗拉强度,采用PVC镀锌镀塑钢丝绳作为信号传输线。在资料中查不到这种型号线的温度系数,系统安装后,第一次调试时发现该型号线的温度系数比较大,传输线路电阻受气温影响较大。第一次现场安装调试时发现此现象后即对控制软件进行了调整,增加了自动温度跟踪补偿功能,保证在−10 ℃至70 ℃温度范围内检测系统能正常运行。第二次现场调试证明,自动温度跟踪补偿工作正常,保证了故障检测的稳定性和可靠性。

首台检测传感系统的高空安装工作(离大坝坝面高约 110 m),用了 5 天时间(包括相关机械交叉作业影响而等待的时间和天气不好原因暂停的时间在内),因是第一次安装,多用了一些时间。改进施工布线方法后,可减少三分之一的高空安装时间。

四、大型缆机支索器故障的自动检测装置的改进

(一)概　　述

安装在三峡工程摆塔跨度 1 400 多米的两台德国 KRUPP 生产的 20T/1416M 高架摆塔式缆索起重机,以及云南小湾水电站使用的二台 KRUPP 生产的 30T/1158M(高塔)三台 30T/1048M(低塔)平移式缆索起重机因支索器故障均发生过与起重小车相碰撞造成设备损坏的重大事故(有的一次直接经济损失达 80 万元以上,特别是对相关工程造成非常大的影响)。由于该项目目前国内外尚无相关技术借鉴,技术难度较大,进行二次改进后,已形成了成熟的产品,在大型水电工程使用的缆机设备上具有重要的推广应用价值。

(二)故障检测装置的功能要求

1. 基本功能要求:

(1)对支索器因各种原因引起的故障均能检测、报警;

(2)当任一支索器发生故障后,系统应在 1 s 内发出声光报警;

(3)当支索器发生故障后,能显示此支索器编号和相对距离位置;

(4)当故障发生时,能将故障发生时间和故障支索器编号进行记录,以便查阅,系统掉电后故障记录信息不能丢失。

2. 其他功能要求:

(1)系统提供继电器开关型接口,供用户在故障发生时对起升、小车运行机构实施安全保护性控制;

(2)当发生故障后,检测系统发出的报警声,可以通过消声键操作予以消除,但报警指示灯在故障未消除前继续保持不变。

(三)缆机支索器故障检测方法

通过对缆机使用情况、运行环境、故障原因、故障现象、功能要求、限制条件等作了多方面综合考虑和分析后,我们提出一种"缆索起重机支索器位移故障检测方法",该方法的最大特点是:将各种不同原因造成支索器的各种不同故障形态的检测,归纳为一种共同具有的故障形态"位移"作为故障检测识别依据,从而极大地简化了故障检测电路。

1. 将各种故障形态归纳为"位移变化"一种形式进行检测

造成支索器故障的因素和故障形态多种多样,其中任何一种故障形态的检测和判定都不是一件容易的事情,如果对各种故障形式分别设计检测方法和检测装置是

不现实的,技术上实现是非常困难的。经过分析研究后,发现所有故障形态最终都可归结为"支索器与主钢索间发生相对位移"这一种故障形式作为故障判据,从而使检测方法变得简单可行,工程上易于实现。

无论由何种原因造成支索器故障,最终都会因为支索器与小车发生非正常碰撞(不能顺利进入小车夹轨),而使支索器相对于主钢索产生相对位移,或为垂直位移(脱落)或为水平位移(滑动)。

当支索器与主钢索间的紧固出现松动而自行发生与主钢索的相对位移,此种故障虽然不一定要与小车碰撞才使故障最后产生,但此时它已经属于所归纳的故障形态中,如在小车到来之前提前检测出发出报警,则可提高系统安全运行性能。

2. 缆机支索器位移故障串联型电阻网络检测方法

实现支索器故障检测的关键技术是如何有效地对分布在 1 200～1 400 m 长钢索上的 26～28 个支索器同时进行实时在线故障检测。

当某支索器发生故障,支索器必定产生一定量的空间位置变化,即"位移",这将导致与支索器有联结关系的短接器断开,从而使传感电路总电阻值 R_{AB} 发生变化,增加与该支索器相关的位移传感器的电阻值。

故障检测系统通过监视总电阻 R_{AB} 的变化,发现支索器发生了故障,并分析出是哪一个支索器发生了故障,实现在线故障监测目的。

总电阻 R_{AB} 的变化属于静态变化,可保持,稳定性好、抗干扰能力强,这对于在野外环境下工作的缆索机特别有意义。

各个故障传感器仅用两根导线串联起来就构成了整个系统全部支索器故障检测传感网络单元,这两根导线既提供对位移传感器的恒流供电,又是全部测量信息的传输线,这两根线由特制专用索卡固定在主钢索下方,不影响小车运行。

3. 支索器位移故障检测分析方法

在图 2-42 中:R_0 为 A、B 信号线等效电阻;$R_1 \sim R_n$ 为 n 个电阻器电阻,它们各不相同,例如选 $R_1 = R_0$,$R_2 = 2R_0$,$\cdots$,$R_n = nR_0$;$S_1 \sim S_n$ 为 n 个电阻短接器;R_{AB} 为检测传感电路总电阻。

(1)在正常情况时,各电阻器被短接器短路,检测传感电路总电阻

$$R_{AB} = R_0 \tag{1}$$

(2)当第 x 个支索器发生位移故障时,固定其上的短接器 S_x 将被断开,对应电阻器 R_x 加入串联检测传感电路

$$R_{AB} = R_0 + R_x = (1+x)R_0 \quad x = 1, 2, \cdots, n \tag{2}$$

由(1)、(2)式可得

$$x = R_{AB} \div R_0 - 1 \tag{3}$$

当 $x = 0$ 表示支索器无故障;

当 $x = 1 \sim n$ 表示第 x 号支索器发生位移故障。

因此,通过检测总电阻 R_{AB},根据公式(3)可以判断支索器有无位移故障,以及是哪个支索器发生故障。

(1)信号线 B:金属导线,其间串行接入若干个电阻器和短接器。

(2)信号线 A:金属导线(亦可由主钢索代替)。A、B 线在尾端连接构成传感电路。

(3)检测主机:监测 A、B 两端电阻 R_{AB} 值,根据其变化分析出哪个支索器发生了位移故障,发现故障后给出相应报警信号和控制信息。

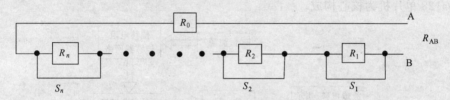

(R_0:A、B 信号线等效电阻)

图 2-42　串联型检测传感电路简化电路图

(四)　故障检测装置改进的内容

1. 索卡的设计、改进

由于缆机是长期在野外作业的重型机械设备,其小车在钢缆上以每秒约 7 s 的高速运行,钢缆具有强振动、环境恶劣(高低温变化大)的特点,其钢缆索卡必须满足重量轻、非金属联结、耐高低温、抗油污、抗老化等特别要求。实现支索器位移故障信号有线传送、检测,关键在信号电缆线的敷设。而钢索(直径分别为 $\phi 102$ mm 和 $\phi 104$ mm)的上半部是运行缆机小车的轨道,只有下半部钢索可以利用。在主钢索上找到了导线的牢固敷设方法,就满足了有线检测装置方案的现场施工需要。经反复研究认证,其索卡材料最后选用 ABS 工程塑料。

利用钢索截面下半部的几何尺寸,选择超过直径中心线 10 mm 左右的 U 形连接卡方式,可确保其连接的紧固和安装的方便。

因检测导线及连接其上的传感器等器件具有一定的重量,加上装置的功能线的要求,则应确保每个索卡承重力(即拉力)在 35 kN 以上。但由于小湾电站安装的缆机起重量大,主钢索下沉的挠度最大处达 20 m 以上,主钢索的上下抖动因小车运行速度快而增大,故对索卡的形状和内部结构做了改动,进一步增加了索卡的适应能力和承重能力。

2. 增加自动温度跟踪补偿功能

第一台检测装置安装后,还对控制软件进行了调整,增加了自动温度跟踪补偿功能,保证在 -10 ℃至 70 ℃温度范围内检测系统能正常运行,确保故障检测的稳定性和可靠性。

3. 增加信号电缆卷筒装置

　　首台检测系统是适应高架摆塔式缆索起重机,而后配置的是平移式缆索起重机,后者必需增加信号电缆卷筒装置,以确保信号电缆随主塔机房沿上下游随机地进行平行移动,而新型的信号电缆卷筒装置通过水银滑环连接电缆线路传输,经改进后,基本满足了现场使用要求。

　　4. 仪表采用智能型,增加了"黑匣子"功能及其他功能

　　(1)检测装置硬件组成

　　缆索运输机支索器位移故障检测装置硬件系统结构图(见图 2-43)。它以 Mega128 单片机为核心构成。

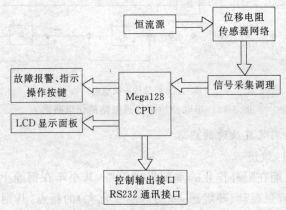

图 2-43　支索器位移故障检测装置硬件系统结构图

　　(2)系统基本性能指标及功能

　　①监测支索器数量:≤28 个,即可以监测 1 至 28 个支索器位移故障。

　　②位移检测灵敏度:<10 cm,即无论由于何种原因造成支索器沿主钢索水平移动≥10 cm 或垂直移动≥10 cm 时,系统能检测出该位移故障。

　　③响应时间:<1 s,即无论由于何种原因造成支索器沿主钢索水平移动 ≥10 cm、或垂直移动≥10 cm 时,系统能在 1 s 内检测出该故障并发出报警。

　　④声、光报警:支索器发生位移故障时,系统发出报警声响和报警指示灯亮,同时还有独立的与故障支索器编号相对应的指示灯亮,使用户直观确定故障产生的位置。

　　⑤开关型保护输出:监控系统发出声光报警同时,两组开关型保护控制继电器动作,供用户控制其停止缆机运行机构和起升机构,避免故障扩大。

　　⑥消声功能:按"消声"键可以消除故障报警声,同时保护控制继电器复位(在支索器故障恢复前可以控制缆机运行),但报警灯信号保持不变,直到故障消除。

　　⑦故障记录:系统可连续记录最近发生的 256 次故障,每条故障记录包括故障类型(故障/断路/短路);故障支索器号;故障发生前的线路电阻;发生故障时的线路电阻;故障发生时间等信息(故障记录时间精度:1 s;故障记录信息可通过 LCD 显示屏查看)。

⑧系统掉电后故障记录信息不丢失。

⑨RS232通讯接口：系统提供1个RS232串行通讯接口与上位监控机通讯。波特率9600,8位数据,1位停止,无校验。按每1 s间隔,向上位机发出系统监测的线路电阻值及当前系统状态:正常/故障/断路/短路。

五、大型缆机支索器故障自动检测装置的安装工程

（一）简　述

对于支索器故障自动检测装置的安装,由于现场条件较差,又是高空作业,整个安装过程要在缆机工作的间隙中逐步完成,故安装工作必须考虑到工艺要合理、施工要简便、时间有间歇、人员应安全等多种因素,经过六台缆机支索器故障自动检测装置的安装实践和改进,其安装工程的工艺、技术已成熟,施工程序已规范化。

（二）安装工程要解决的主要技术问题

1. 检测用信号电缆线的敷设

实现支索器位移故障信号有线传送、检测,关键在信号电缆线的敷设。而钢索（直径分别为ϕ102 mm和ϕ104 mm）的上半部是运行缆机小车的轨道,其车轮在上面高速（7 m/s）滚动运行,因而只有下半部钢索可以利用。在主钢索上实施了较为合理的牢固的导线敷设方法（索卡联接）,这样就可满足有线检测装置方案的现场施工需要（见图2-44）。

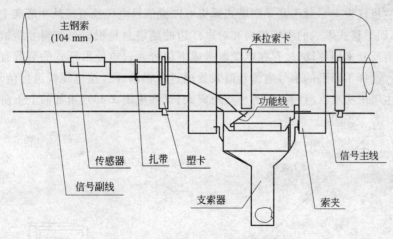

图2-44　支索器高空布线安装示意图

2. 索卡的设计、改进与安装

根据主钢索使用环境条件,固定在主钢索上的索卡必须是非金属,同时可敷设检测用的信号电缆线,并且要求安装时迅速方便。按主钢索几何形状我们设计出贴附式钢缆联结索卡和制作它的金属模具,采用了ABS工程塑料加工制作,由于小湾电

站安装的缆机起重量大,每天缆机使用的时间长,速度快,主钢索的上下动态抖动也大,故对索卡的形状作了新的改动,索卡的适应性和承重能力得到了增强,对索卡安装和相应电缆线路的安装速度提高了近一倍。

3. 承拉功能线长度的调节与固定

承拉功能线是检测支索器发生位移和信号传输的最关键检测单元,它的长度调节是达到其报警功能快慢的主要因素,长度过长或过短都会给安装及检修人员带来麻烦,经过多次反复,我们规定了合理的尺寸和最佳的安装方式(参见图 2-44)。从传感器过来的功能线的上端经过承拉索卡,而承拉索卡是固定在主钢索上不动的,从承拉索卡到支索器这段线段的长短,是根据承拉索卡在两边索夹的相对位置的具体情况而定的。而功能线的末端是在支索器的小方板耳上固定而终止。当承拉索卡到支索器这段线过长时,遇到两个索夹沿主索事故性滑动(而此时承拉索卡是不动的),则承拉功能线就不会及时拉断,当这段线过短时,每天检修工在检查支索器时沿主索走向的垂直方向晃动支索器时,肯定会将功能线扯断,这是不允许的,因而合理的尺寸是很关键的。此外,功能线的末端在支索器的小方板耳上的固定方式(缠绕固定式),现已根据使用单位的要求改为塑料磁环式。改进安装工艺后,这对于既能定期更换支索器,又不影响检测线路是非常方便省时的。

4. 信号电缆卷筒的安装调整

安装在主钢索上的检测信号电缆线如何传递信号到远离主塔机房几百米的司机操作室内的主机仪表上?对于高架摆塔式缆机可以将信号电缆线直接从主塔架上拉到司机操作室,而平移式缆机的主塔机房和对岸江边的副塔总是根据吊装需要随机地沿江河的上下游反复来回移动,故存在电缆电源或电信号通过电缆滑环式的装置有效地传递的问题。选择了新型的信号电缆卷筒装置通过水银滑环连接电缆线进行信号传输,同时由于主塔机房沿江河的上下游移动距离太长(参见图 2-45),增加的上下游分线导

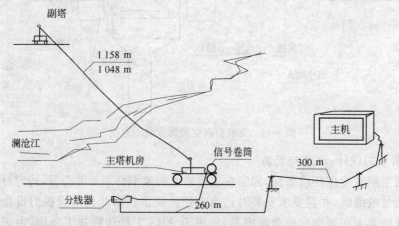

图 2-45　平移式缆机信号电缆卷筒的安装示意图

向装置(分线器),基本满足了现场上下游平行移动近300 m范围的使用要求。

(三)安装及生产中严格执行有关技术和管理规定

为了搞好支索器位移检测装置的生产、组装、现场安装,先后制定并严格执行了下列技术要求和管理规定:

(1)支索器位移检测装置索卡厂内生产组装要求;

(2)支索器位移检测装置信号传感检测器的生产组装要求;

(3)位移检测装置现场施工的安全技术及管理规定;

(4)支索器位移检测装置现场安装施工顺序及方法;

(5)支索器位移检测装置高空部分的施工方案及注意事项;

(6)支索器位移检测装置信号电缆卷筒安装技术要求;

(7)支索器位移检测装置地面部分的安装布线施工方案及要求;

(8)支索器位移检测装置安装后的调试方法及要求。

按照上述要求和规定,制定了《缆索起重机支索器位移故障检测装置》的产品企业标准,并提前报当地产品质量监督检验所对《缆机支索器位移故障检测装置》进行了检验。作为产品,做好这些扎实的技术基础工作是非常必要的,也是完善新产品、提高产品质量的必要措施。

(四)研制安装中重视采用新材料新技术

对于一项新项目或新产品,必须及时采用当时的新材料和新技术。由于此项目关键的零部件和材料因无现成的材料规格可选用,要求对应的生产厂家按照设计的技术参数进行制作,即使有时制作失败,也应该坚持下去,此项目曾经先后委托两个生产厂家三次对信号传输电缆进行了新规格的材料加工;对高空安装使用的信号传输电缆线考虑到它的特殊环境和抗拉性能,还另委托了生产厂家分两次按不同规格进行定做,以找出最佳的配套规格材料。为确保信号电缆卷筒的配套可靠,在厂内必须进行相关项目的试验。这样一来,虽然生产成本和运输成本加大,但整个系统更趋于完善,缆机支索器位移故障检测装置的整体可靠性也相应得到了提高。

六、大型缆机支索器故障自动检测装置的维护与管理

(一)概　　述

为保证支索器在使用中发生故障时得到监测和及时报警,科学合理地搞好支索器故障自动检测装置的维护与管理工作是非常重要的,为此,将维护与管理工作贯彻落实到安装、使用、维修保养全过程中,制定相关有效的维护与管理办法,使该装置安装后正常地投入生产运行,这样才能确保达到其预期的效果。

(二)维护与管理的制度建立

1. 自动检测装置安装过程中对维修人员的培训

由于信号电缆线及信号传感检测器安装的特殊方式,在安装时安排维修人员跟

随安装,进行实际操作培训,今后即可按培训过的操作方式进行维护工作。

2. 自动检测装置安装后对管理和维修人员的培训

装置安装后,对管理和维修人员分别对装置的原理、安装的过程、系统的部件分类、仪表使用操作规程的要点、维护修理的注意事项等内容进行了两次专门的技术培训,对相关问题作了充分详细的说明。

值得一提的是,使用单位要抓好对缆机的操作司机的培训工作。操作司机操作得不好(由于缆机小车和起升机构的运行速度快,产生的惯性力大),因突然刹车引起的冲击会造成诸多不良影响,这在小湾水电站缆机上已发生过不良影响的实例。同时,在可能的情况下,操作司机应保持相对的人员稳定和每个班次上班人员有充沛的精力,这都是保证缆机整体少发生故障的重要因素(因检测装置的高空安装部分与主钢索的联系),对支索器故障自动检测装置也是具有同样的重要性。

3. 建立维护与管理的相关制度

安装和使用设备双方经过协商一致,建立了自动检测装置的管理制度,并下发了相关文件:①"支索器故障自动检测装置使用操作规程";②"支索器故障自动检测装置使用说明书"。由使用单位下发到各个机组,使操作人员和维护修理人员都有规可循。

(三)维护与管理的及时性与经常性

使用单位已经作为制度,要求支索器故障自动检测装置空中安装的线路检测部分的日常维护同支索器的日常维护检查工作同时进行,地面卷扬机及其他线路部分的检查维护同时随机监护。如有问题,相关人员及时记录、上报、及时安排人员处理,使整个系统总在正常运行中。

(四)管理的深化和系统相关部件及材料的改进

通过安装、运行全过程的管理与维护的实践,对整个系统使用的相关材料、零部件不断进行更新和完善,以增强其功能和整个系统的可靠性。

(五)安装及生产中严格执行有关技术和管理规定

为了搞好支索器位移检测装置的生产、组装、现场安装,先后制定并严格执行了有关技术要求和管理规定:

(1)支索器位移检测装置现场安装施工顺序及方法;

(2)支索器位移检测装置信号电缆卷筒安装技术要求;

(3)支索器位移检测装置高空部分的施工方案及注意事项;

(4)支索器位移检测装置地面部分的安装布线施工方案及要求等。

以上相关的技术要求和管理规定对于检测装置的维护与管理很为重要,在售后服务中对使用单位进行仔细地传授和培训,做好这些扎实的技术基础工作和管理工作非常必要,这也是完善新产品、提高产品质量的必要措施。

第九节　电气保护装置

一、避雷装置

起重机械,尤其是港口码头或火电站用机械,突立于旷场中,在沿海或平原多雷电情况下,避雷装置必不可少。按建筑防雷设计规范,即便在少雷区,高度超过 20 m 的构筑物也要装避雷装置。

起重机械是金属机构,电气上是与接地装置相连的,所以能够防止雷电波入侵,无需另加措施。

直击雷必防。在易受雷击的机构最高处装设避雷针。

避雷针采用圆钢或焊接钢管制成。针长一般 1～2 m,顶端最好焊上一段黄铜杆或紫铜杆。圆钢直径不小于 20 mm,钢管外径不小于 25 mm。被覆层用油漆或镀锌。

建筑物和构筑物的金属构件可以作为引下线,只要所有部件间构成电气通路。因此,避雷针必须与结构件有可靠的电气连接,最简单、最直接的办法就是焊在结构上。在结构件连接的铰点,如销子或轴承,如感到电气接触不良,可在此局部增加一段跨接线将两个结构件电气连接起来。直击雷接地装置的冲击接地电阻不宜大于 30 Ω,避雷针的引下线钢截面不小于 100 mm²,一般机械的金属结构都很容易做得到。

二、接　地

为保证人身和设备安全,电气设备正常不带电的金属外壳应可靠接地。

电气设备的接地,按其目的分为三种:

(1)工作接地——运行需要的接地。

(2)保护接地——防止绝缘损坏,致使设备的金属外壳、支架等带电危及人身安全而设的接地。

(3)过电压保护接地——为消除设备危险的过电压影响而设的接地。

电子设备以及控制与通信设备的接地,除防止外界不正常电压危害人身安全和设备损害外,尚有抑制电气干扰、保证设备正常工作的功能,必须敷设专用的地线,称为共用地。这些装置的机壳、电缆的金属护套和屏蔽都要接此共用地。

起重机械除部分轮胎流动机械外,都是安装在接地良好的轨道等自然接地体上,因此,整个金属结构可视为设备的接地体。

一般的设备接地工程应遵照相应的规程。下述几点在起重机械上是必须注意的:

(1)防止诸如车轮与轨道间由于杂物、氧化层等影响接地,以及长大金属构件的高频感应电势造成的危害,确保机械接地充分良好,应将机械机构接零,即电力系统的零线在机械上重复接地。接零线上不得装设开关和熔断器。因整机接零,保证了机械机构始终是地电位,人在地面触摸机械十分安全。

(2)司机座椅的面料应用无静电织物。如用静电织物,则应用铜箔等接地物消除静电对人的影响。

(3)严禁用接地线作载流零线。

电子设备的共用地,只准在一点与机械地线连接。

三、电线电缆型号的确定

电线电缆的型号应根据电气设备使用环境和使用条件来确定,原则如下:

1. 适合使用环境。根据环境的自然、机械、生物化学条件来选定使用的电线电缆型号。

2. 符合使用的电压等级。低压常用 300/500 V、450/750 V、0.6/10 kV;高压常用 6 kV、10 kV 级。

3. 满足敷设方式的要求。通常分为固定敷设、移动敷设、室内敷设和室外敷设。

4. 满足各种特殊要求,如船用、非固定使用、污染及特殊环境条件。

5. 注重经济性。在满足使用要求的前提下,应尽量选择价格低廉、易于采购的型号。

起重机的工作环境非常恶劣,潮湿,温差大,腐蚀严重而且机构工作频繁,整机振动剧烈,因此对电线电缆的性能要求很高。电线电缆导体材料一般采用铜线芯,可使接头不易受湿热和盐雾的腐蚀,且韧性好,耐弯曲,耐振。其绝缘及护套可根据不同使用场合的要求进行选择:

(1)配电柜、控制柜、控制箱等电气设备内部连接导线一般采用塑料绝缘软电线。其绝缘性能好,结构简单,重量轻,制造方便,价格较低,电线的敷设接线易行。缺点是塑料绝缘不耐日光照射,不耐气候老化,低温下会变硬发脆,因此,其他场合不应采用。

(2)电气设备之间的外部连接导线一般采用橡胶绝缘、橡胶护套电缆。

①动力电缆卷筒的供电电缆,要求能承受较大的机械外力,柔软,弯曲性能好,并且有耐气候和一定的耐油性能。

高压供电电缆采用户外型分相屏蔽的高压软电缆。

②动力、控制、照明用电电缆通常采用船用电缆,机内高压动力电缆采用矿用橡胶电缆。其特点是耐气候、盐雾腐蚀,不延燃,有一定的耐油性能。

四、导线穿管敷设的管径选择

导线穿管敷设方式在港口机械上经常采用。一般穿管导线的额定电压不应低于

500 V,不同机构,不同电压等级,交流和直流的导线不得穿入同一根管内,单芯的交流导线不得单独穿金属管。

导线穿管敷设的管径选择,三根及三根以上电线电缆同穿一根管时,管内导线的总面积(包括外护层)不能大于管内净面积的 40%;两根导线同穿一根管时,管内径不应小于两根导线外径之和的 1.4 倍,并满足:

(1)管子无弯曲,长度小于 45 m;

(2)管子有一个弯,长度小于 30 m;

(3)管子有两个弯,长度小于 20 m;

(4)管子有三个弯,长度小于 12 m;

管子弯度为 90°～ 105°,当弯度大于 120°时,一个弯可看作两个弯。长度超过上述要求时,应加设拉线盒,或将管径放大一级。

镀锌钢管的弯曲半径不得小于钢管外径的 6 倍。

五、控制系统的保护环节

(一)开关的逻辑联锁保护

开关在触点控制系统中大量使用。它们的动作是靠人为的逻辑关系实现的。主要的逻辑联锁功能是:

零位——保证每次操作都从零位开始。当中途断电或事故停机后复位,机械不会自行启动。再次操作主令电器,手柄必须返回零位。

顺序——这是开关线路的主要逻辑。

优先——在诸多条件中,按其在工艺上的作用,将其代表开关排成序列。

互锁——两个或多个开关不能同时工作,保证不发生误动作,应有互相抑制联锁。

延时——按时间关系需要有间隔,包括周期动作。

(二)电动机的综合保护

电动机是传动系统的核心,必须配备完善的保护装置。主要保护是:

过电流——超过电动机允许最大工作电流,包括短路电流,必须切断电源。

过负载——有相当多时间负载输出较大,足以造成电动机的不正常温升,要切断电源。

电压——电动机欠电压或过电压均能产生温升变化,应将电压变化限制在允许范围。

单相——交流电动机缺相将引起大电流和不正常运行,要立即停止电动机运转。

超速——带有位势负载的机构,防止电动机超速运行。当转速高出额定值 115%时,电动机要停止运转。

失磁——直流电动机的励磁电流低于设计允许值,电动机要停止运转。

（三）行程保护

行程保护是必不可少的重要保护，有些还兼做位置控制。

（四）防碰撞保护

防碰撞保护是指防止两台机械作业时相互碰撞的保护装置。由于碰撞将产生事故，因此要在可能相碰的部位安装传感器。

（五）钢丝绳松绳保护

运行中，如果钢丝绳松弛过多，将引起钢丝绳在卷筒上混乱、脱槽或钩挂，极易损坏钢丝绳，复位也困难，因此必须防止。尤其是钢丝绳很长时，只要绳子松到整定限，就应停止电动机运转。

（六）连续卸船机取料装置堵转保护

连续卸船机的取料装置是直接在舱内料堆中作业的，当挖取量过大或碰撞异物时，均有可能使取料头堵转。为了防止机械损坏，必须在其传动控制上加设堵转保护，并将其堵转转矩限制在一定的安全值内，这样即使长期堵转也不会损坏设备。操作者可见堵转信号，改变操作，解除堵转。

（七）连续卸船机取料装置挖舱保护

当舱内的料层很薄时，司机又不能看清或挖沉过深，就极易使取料头碰撞舱底。由于此时是钢对钢的碰撞和切削，设备和船体都有可能受损。保护的原则就是限制取料头外缘至舱底的最小距离不能超限。除机械结构做两重保护外，电气应在头部安装相应的传感器探测这个距离。超限后，取料装置不能再下挖，并给出声光报警。

（八）输送机断带、打滑、跑偏、撕裂保护

输送带是输送机上的主要部件，必须全力保证其完好。

最常见的故障就是跑偏，尤其是长胶带。机械上设有定距离的自动调心托辊，但电气上也应定距离地安装跑偏检测托辊，在皮带偏斜超前发出警告，超限后紧急停车。胶带滚筒打滑和断带保护可以合为一套保护。利用带速的检测来推断故障性质。

撕带是无法预测的，但可预防。除机械的隔栅等设施外，电气要加除铁器，以便拣除大的铁器，预防事故发生。

（九）气力输送系统泄漏保护

气力输送系统泄漏时有发生，后果是输送量下降，因此要防止。电气控制无法止漏，只能报警。它是通过相关位置的压力检测来间接推断的。

（十）电磁吸盘的断电保护

起重电磁吸盘在断电时必须有完整的保护，自动接通备用电源，保证重物不致脱落。制动器应能利用备用电源人为开启，放下重物。

（十一）内燃发电系统柴油机的飞车保护

起重机械中，有相当数量的驱动是采用柴油机—发电机系统。柴油机一般是不允许突加、突卸负载的，最低负载最好在20%额定功率以上。因此，要使机械正常安全地工作，就需要采取有效的保护措施，以防突然卸载产生的柴油机飞车事故。

柴油机是不能够吸收功率的。只是柴油机本身带有水、油系统的附加装置，需要消耗一定的功率，大约占柴油机额定功率的10%。因此，只要反馈功率不大于额定功率的10%，柴油机就不会出现飞车现象。为了安全起见，反馈功率通常限制在柴油机额定功率的8%以内。

现以直流机组为例，说明其方法。图2-46是柴油机—发电机组原理图。

图中，R_z 为电动机能耗制动电阻（Ω），其值可由下式得出：

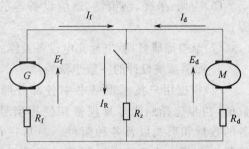

图 2-46　柴油机—发电机组原理图

$$R_z = \left[-4.44 \times 10^3 P_m + \sqrt{(4.44 \times 10^3 P_m)^2 - 17.76 \times 10^3 P_m R_f} \right] / 2I_d^2$$

式中　P_m——柴油机允许的最大输入功率（kW）；

　　　R_f——发电机电枢电阻（Ω）；

　　　I_d——电动机电枢电流（A）。

在已知的系统中如接入计算出的 R_z，系统即能理想地工作。

值得指出的是，遵守惯例，柴油机最大输入功率 P_m 在计算时应以"－"值代入，因为规定输出功率为"＋"。为节省能源，应该在柴油机允许范围内使反馈能量尽量大些，减少能耗电阻的消耗，提高整机的经济效益。

六、照　　明

（一）照明系统设计的基本任务

照明系统是整机电气系统设计的辅助部分。一般中小型装卸机械的照明功率较小，系统简单，所用灯具数量和种类较少。大型装卸机械，由于灯具安装位置较高，主要工作面和照明灯具离地面均在30 m以上，主要工作面的范围也大，灯具数量较多，每只灯的功率也大。照明设计时，如何选用合适的灯具、光效寿命高的光源及合理的布置，以达到最低的能耗、最满意的照度和显色性，尽可能长的使用期限和方便的维护保养，就是照明系统设计的主要任务。

1. 起重装卸机械的照明系统设计主要包括下面几个方面：

（1）机器房、电气房、休息室、司机室、电梯机房等处的室内照明；

（2）浮式起重机的机仓、驾驶室、起居室、餐厅等室内照明；

（3）扶梯平台入口处、走道及浮式起重机的内外走廊等通道照明；

（4）装卸机械工作面（一般按离地面 0.8 m 计算）及浮式起重机的搜索灯照明；

（5）大车行走时沿轨道方向局部加强照明和某些机种要求的挂钩区及吊具局部加强照明。

（6）空调、采暖、刮雨器、通信设备等的电源插座及检修时的临时工作等插座等。

（7）航空障碍灯、蓄电池充电设备及浮式起重机的各种航行灯系统。

2. 照明系统设计的一般步骤为：

（1）根据用户技术规格书中各部分照度要求或有关技术标准中规定的照度数值，初步选择照明灯具规格和使用型号，估算灯具数量。选择空调器、采暖设备的数量和形式以及各种附件。然后进行照度核算和确定照明系统总容量，选择照明电源开关和照明控制箱。若采用照明变压器，则以此作为选择变压器的依据。

（2）绘制照明原理图。照明负荷的分配应使三相尽量均匀。确定照明配电箱的支路数及各路开关或熔丝的容量后选定照明开关箱。

（3）根据照明负荷计算，选择电线、电缆截面及型号。确定灯具布置，绘制照明系统布线图。

起重装卸机械照明系统的设计和计算，目前尚缺乏专门的方法和标准。由于环境条件与船舶情况相近，故在一般计算时，可参照有关的船舶标准进行。

（二）照明系统常用的度量单位及关系

1. 光通量：是指单位时间内光辐射能量的大小，以符号 Φ 表示，单位为"流明"（lm）。即具有 1 坎德拉（cd）均匀发光强度的点光源在单位立体角（1 sr）内发射的光通量。

2. 光强：辐射发光体在空间发出的光通量在不同方向的角密度，以符号 L 表示，单位为"cd"。即发光体在给定方向的单位立体角 $d\alpha$ 内发射的光通量为 $d\phi$，则 $L = d\phi/d\alpha$。如果光源发出的光通量较均匀，则

$$L = \phi/\alpha$$

式中　α——包含给定方向的立体角（sr）；

　　ϕ——在立体角 α 内传播的光通量（lm），1 cd = 1 lm/sr。

注：球面体包含的立体角 $\alpha = 4\pi$（sr），故如果光点源向四周发射光通量，其平均球面光强度为 $L = \phi/4\pi$。这里的 ϕ 为光源向四周发射的总光通量。

3. 照度：被照面单位面积入射的光通量，即被照面光通量的面密度。若被照面积为 A，入射光通量为 ϕ，则照度 $E = \phi/A$。

照度的国际单位制单位为勒克斯（lx）。1 lx 为 1m² 面积上均匀分布 1 lm 光通

量的照度值。（或者是以光强为 1 cd 的光源为中心，在半径为 1 m 的球面上所形成的照度值）。所以 1 lx＝1 lm/m²。

照度概念可以用于真实的表面上，也可以用于假想的平面上。例如计算工作面的照度，往往以距地面某一高度的假想水平面作为计算面。这在日常计算中常会碰到。

（三）灯具选用原则

灯具与光源组成照明器，并对光源发出的光进行再分配，达到合理的利用。同时，应避免眩光刺眼，固定和保护光源免受外部损伤，保证照明安全。所以灯具的配光特性、效率和寿命是评价灯具的三个主要指标。各种灯具由于其形状、材料质量等差异，其光效是不同的。所谓发光效率 γ，即照明器发射出的光通量与灯具内光源的光通量之比。即

$$\gamma = \phi_d / \phi_y$$

式中　ϕ_d——照明器发出的光通量；

ϕ_y——灯具内光源的光通量。

照明器未射出的光，有部分被灯具吸收，不仅造成光损失，而且引起灯具发热，影响光源寿命。各类灯具的效率大致如下：

一般带反射罩的荧光灯在 0.7～0.8 之间；投光灯在 0.5～0.6 之间。

由于起重装卸机械照明灯具的使用环境特点，一般均按船用条件选用船用灯具。在没有船用灯具可选的情况下，选用矿用灯具应考虑下述原则：

（1）能满足配光要求，包括光色；

（2）有一定的耐振性，寿命尽可能长些；

（3）能满足使用环境条件要求；

（4）灯具效率尽可能高些；

（5）灯具的通用性尽量好些；

（6）特殊环境及场所宜采用防爆灯具。

上述原则在实际选用时往往难以同时满足，主要靠设计者根据实际情况和经验灵活掌握，在满足主要指标的前提下，应尽量考虑到经济和节能、维护保养等因素。

（四）照明电源、配电箱及常用附件

根据 GB 6067—1985《起重机机械安全规程》和 GB 8311—1983《起重机设计规范》规定，起重装船机械上均设正常照明和可携式照明电源。前者电压不应超过 220 V，后者电压不应超过 36 V。有蓄电池供电电源，则不超过 24 V。

1. 固定照明电源

固定照明电源均由起重机主供电电源开关的进线端引出，使得整机动力和控制

电路断电时,照明电源不间断。照明电源引入照明配电箱的方式有直接式和间接式两种。

直接式不采用隔离变压器,在低压电控箱内设照明电源开关直接馈电到照明配电箱。

间接式设置有照明隔离变压器,一般将 380 V 电源电压变成 220 V 后再引入照明配电箱。

间接式一般用于照明功率较大的中、大型起重装卸机械及浮式起重机上。照明变压器采用 DG、SG 系列小型干式变压器,其容量按照明系统总计算容量选用,并考虑 1.1~1.2 的储备系数。

现代起重装卸机械照明系统总计算容量应包括空调、采暖、通风设备的用电容量。大型起重装卸机械还应包括电梯、防冷凝加热器等的用电容量。因为上述用电装置在动力和控制电路切断后还应保持连续通电。

2. 可携式照明电源

可携式照明电源主要为设备检修、保养时提供局部加强照明,为安全计,这种电源一般不允许超过 36 V。常用的供电方式是采用 220/36 V 行灯变压器,容量从 50~250 V·A。在起重机的各主要区域设置有 220 V 电源插座。使用时只需将行灯变压器接入这些固定插座即可。注意不得使用不合要求的变压器或自耦变压器作行灯电源,因为自耦变压器往往会在低压侧出现高压,造成人身安全事故。

3. 照明配电箱

起重装卸机械上一般均设有专用照明配电箱。中小型起重装卸机械设置于司机室,便于操作。大型起重装卸机械由于照明系统容量较大,一般除在机器房设总照明配电箱外,在司机室等处还要设若干照明配电箱;照明配电箱通常按船用标准选用。当采用间接式供电方式时,因照明变压器输出为 220 V,就可以采用标准配电箱。

根据起重装卸机械具体供电路数来选用照明配电箱。上述各系列配电箱分 4 路到 12 路。按各支路用电设备的计算容量来选择和整定自动开关或熔断器。

照明配电箱上每支路应有与照明原理图名称相符的名牌。箱内应留有一路作备用支路。

4. 常用照明附件

起重装卸机械上常用的附件包括各类开关、插座、插头及分线盒等。

电气房、司机室、休息室等场所,内部都采用隔热措施,墙面有装饰板,故可选用一般建筑用跷板式暗开关和三级式暗式插座,以增加美观和协调。在其他场所,大都采用各类船用水密式尼龙开关、分线盒、插接件等,见表 2-8。扶梯平台照明灯应用双联开关控制,便于上下操作方便。水密插座不能用于转接电缆,必须在分线盒内进行。

表 2-8 常用船用照明附件表

名 称	型 号	电压(V)	电流(A)	备 注
尼龙水密插头插座	CZF2—2,CTF2—2(头)	250	10	双级＋接地级
尼龙水密带开关插座	CZKF2—2	250	10	双级＋接地级
尼龙水密开关	HF2—2,HF3—1,HF4—1	250	10	
尼龙水密分线盒	JIXF3—1,JIXF4—1,JIXF4—2	250	10	

第十节 其他安全防护装置

一、其他安全防护装置的类别和作用

联锁保护装置:由建筑物进入桥式及门式起重机的门和由司机室登上桥架的舱口应设置联锁保护装置。当门打开时,控制起重机不能接通电源。

极限力矩限制装置:具有自锁的旋转机构的塔式和门座式起重机设置的极限力矩限制装置,即保证当旋转阻力矩大于设计规定的力矩时,能发生滑动而起保护作用。

水平仪:对于起重量等于或大于 16 t 的流动式起重机,应安装水平仪,用以检查支腿支撑的起重机的倾斜度,以利调整垂直支腿伸缩量。

支腿回缩锁定装置:对有支腿的起重机应设置的支腿回缩装置,它能保证工作时顺利打开支腿,非工作时支腿回缩后能可靠地锁定。

扫轨板和支撑架:有轨运行的桥式起重机、门式起重机、装卸桥、塔式起重机和门座起重机的运行机构上应设置扫轨板或支撑架保护装置,以用来清除轨道上的障碍物,保证其安全运行。

扫轨板距离轨面<10 mm;支撑架距离轨顶面≤20 mm。

轨道端部止挡:起重机运行轨道的端部及起重机小车运行轨道的端部均应设置轨道端部止挡体,止挡体应有足够的强度和牢固性,以防被起重机撞坏出现起重机或小车脱轨而发生事故。止挡体应与起重机端梁或起重小车横梁端设置的缓冲器配合使用。

防止吊臂后倾装置:流动式起重机和动臂变幅的塔式起重机应设置防止吊臂后倾装置。它应保证当变幅机构的行程开关失灵时能阻止吊臂后倾。

回转定位装置:流动式起重机在整机行驶时,保证使上车部分保持在固定的位置。

防倾翻安全钩:安装在主梁一侧落钩的单主梁起重机上,以防止小车倾翻。

检修吊笼。用于高空中导电滑线的检修。要求其可靠性不应低于司机室。

此外,其他安全防护装置还有(特别是对于流动起重机):

倒退报警装置、导电滑线保护板、登机信号按钮、暴露的活动零部件的防护罩及电气设备的防雨罩等。

二、其他安全防护装置的安装规定

对于不同类型的起重机，其他安全防护装置有不同的安装配置要求，按《起重机械安全规程》规定，见表 1-1 和表 2-2。

第三章 起重机械安装安全 技术、维修管理及使用

第一节 起重机设备构件吊耳、吊点的设计与选择

起重机在自身安装和吊运安装其他设备时,常常发生重大的安全事故。我们从起重机设计、起重机生产制造、起重机运输安装到起重机投入吊装使用的全过程分析,其安全技术涉及到的诸多重要方面。

1. 吊耳的设计

作为吊运安装,设备构件吊耳和吊点本身的受力是直接关系到吊装安全的重要环节,因此,对吊耳和吊点的设计,要进行受力计算,既要考虑设备构件在整个制造、运输、安装、使用的全过程中受力的大小,还要从生产工艺、材料、环境等方面进行综合分析,确保满足其强度和稳定性的要求。下面介绍几种常见的吊耳及规格。图3-1是一种耳板吊点。

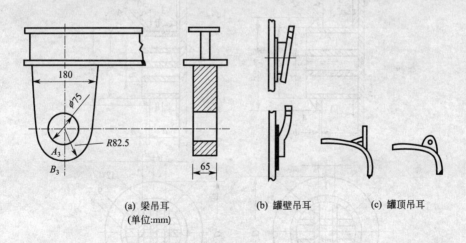

(a) 梁吊耳　　　　　　　　(b) 罐壁吊耳　　　　(c) 罐顶吊耳
(单位:mm)

图 3-1 耳板吊点

对重大结构上设置吊耳或吊点处的结构件设计,要充分考虑到吊装过程中的受力(位置和吊装时转动角度)变化。

图 3-2(a)是小型管轴式吊耳结构。图 3-2(b)为大型管轴式吊耳结构。

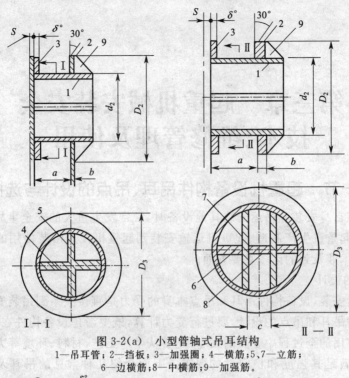

图 3-2(a)　小型管轴式吊耳结构

1—吊耳管；2—挡板；3—加强圈；4—横筋；5、7—立筋；
6—边横筋；8—中横筋；9—加强筋。

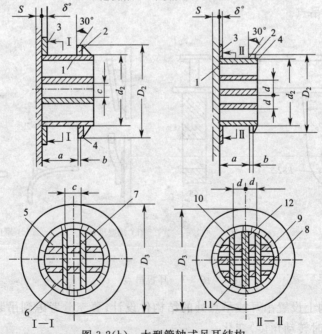

图 3-2(b)　大型管轴式吊耳结构

1—吊耳管；2—挡板；3—加强圈；4—加强筋；5、9—边横筋；6—立筋；
7、10、11—中横筋；8—边中横筋；12—中立筋。

设计的原则是满足设备服役期吊装时的强度刚度要求;还要考虑吊装时用什么起重索具或吊具能与之配合,不能留有到现场施工时再去改装才能完善的遗患存在。

图 3-3 是卡箍式吊耳。图 3-4 是吊耳吊装图。

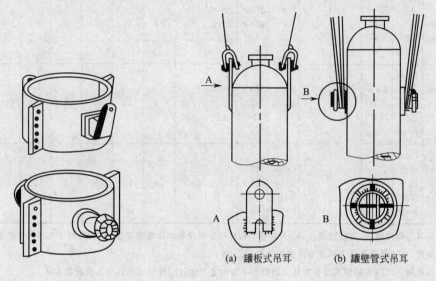

(a) 罐板式吊耳   (b) 罐壁管式吊耳

图 3-3 卡箍式吊耳   图 3-4 吊耳吊装示意图

2. 常用管轴式吊耳的规格(见表 3-1 和表 3-2)

表 3-1 载荷 400~1 000 kN 的管轴式吊耳规格

荷重 (kN)	各部零件的尺寸(mm)														质(重)量 (kN)
	零 件 号									焊缝高度		a	b	c	
	1	2	3	4	5	6	7	8	9	h_1	h_2				
400	$D_1=$ 245 $\delta=10$	$D_2=$ 395 $d_2=$ 245 $\delta=20$	$D_3=$ 370 $\delta*$	235× 106× 12	235× 224× 12	—	—	—	75× 75× 10	12	10	140	5		377
500	$D_1=$ 273 $\delta=10$	$D_2=$ 425 $d_2=$ 274 $\delta=20$	$D_3=$ 410 $\delta*$	235× 120× 12	235× 252× 12	—	—	—	75× 75× 10	12	10	140	5		419

续上表

荷重 (kN)	各部零件的尺寸(mm)									焊缝高度		a	b	c	质(重)量 (kN)
	零件号									h₁	h₂				
	1	2	3	4	5	6	7	8	9	h₁	h₂				
600	$D_1=$299 $\delta=10$	$D_2=$450 $d_2=$300 $\delta=24$	$D_3=$450 $\delta*$	—	—	270×84×12	270×258×12	270×90×12	75×75×12	14	12	170	5	90	597
750	$D_1=$2351 $\delta=10$	$D_2=$500 $d_2=$352 $\delta=30$	$D_3=$530 $\delta*$	—	—	360×108×14	360×295×14	360×110×12	75×75×16	14	12	180	5	110	940
1 000	$D_1=$478 $\delta=10$	$D_2=$630 $d_2=$480 $\delta=30$	$D_3=$720 $\delta*$	—	—	365×136×16	365×410×16	365×150×16	75×75×16	16	12	260	5	150	1 538

注：1. 吊耳为焊接结构：其焊缝高度，h_1 为件号 1 和件号 3 与设备本体焊缝高度，h_2 为件号 1 和件号 2 焊缝高度，其他焊缝高度为两施焊件薄板之厚度。

2. 焊接顺序：(1)主筋板与设备本体；(2)件号 1 与设备本体；(3)件号 8 与件号 1 及设备本体。

3. $\delta*$ 为加强圈的厚度，一般等于设备壁厚 S，如系薄壁或厚壁设备，可视其情况适当给予增减。

4. 材料为 Q235A。

5. 起重量为 400～1 000 kN。

6. 表中尺寸见图 3-2 小型管轴式吊耳结构。

表 3-2　载荷 1 250～3 000 kN 的管轴式吊耳规格

荷重 (kN)	各部零件的尺寸(mm)												焊缝高度		a	b	c	d	质(重)量 (kN)
	零件号												h₁	h₂					
	1	2	3	4	5	6	7	8	9	10	11	12	h₁	h₂					
1 250	$D_1=$529 $\delta=$14	$D_2=$680 $d_2=$800 $\delta=$30	$D_3=$530 $\delta*$	75×75×16	405×165×12	405×478×12	405×120×12	—	—	—	—	—	16	14	300	10	120	—	1 855
1 500	$D_1=$630 $\delta=$14	$D_2=$750 $d_2=$950 $\delta=$32	$D_3=$631 $\delta*$	75×75×16	410×185×14	565×410×14	410× 170× 14	—	—	—	—	—	16	14	300	10	170	—	2 288

续上表

荷重(kN)	1	2	3	4	5	6	7	8	9	10	11	12	h_1	h_2	a	b	c	d	质(重)量(kN)
1 750	D_1=720 δ=14	D_2=870 d_2=721 δ=32	D_3=1 080 δ*	75×75×16	430×198×16	645×430×16	430×220×16	—	—	—	—	—	16	14	320	10	220	—	3 007
2 000	D_1=820 δ=14	D_2=970 d_2=821 δ=32	D_3=1 230 δ*	75×75×18	460×215×16	730×460×16	460×270×16	—	—	—	—	—	16	16	340	10	270	—	5 626
2 300	D_1=920 δ=14	D_2=1 070 d_2=921 δ=34	D_3=1 380 δ*	75×75×18	—	—	—	470×230×16	470×175×16	760×470×16	470×190×16	890×470×16	16	16	360	10	—	190	5 050
2 600	D_1=1 020 δ=14	D_2=1 770 d_2=1 021 δ=34	D_3=1 530 δ*	75×75×20	—	—	—	510×245×18	510×175×18	855×510×18	510×225×18	990×510×18	16	16	400	10	—	225	6 460
3 000	D_1=1 220 δ=14	D_2=1 370 d_2=1 221 δ=34	D_3=1 830 δ*	75×75×20	—	—	—	550×270×18	550×250×18	1 060×550×18	550×250×18	1 190×550×18	16	16	440	10	—	250	8 296

注：1. 同表3-1的注1～注4。
　　2. 表中尺寸见图3-2大型管轴式吊耳结构。

第二节　起重索具、吊具和机具的选择

一、钢丝绳的选择和报废标准

钢丝绳在起重机和起重作业中应用比较广泛，它可以用作起吊、牵引、捆扎等。

钢丝绳的最大许用拉力计算：

$$[S] \leqslant P/K$$

式中　[S]——钢丝绳许用拉力(kN)；

　　　　P——钢丝绳破断拉力(kN)，查有关手册；

　　　　K——钢丝绳的安全系数，见表 3-3。

表 3-3　钢丝绳的安全系数

用　　途	安全系数	用　　途	安全系数
作缆风绳	3.5	作吊索无弯曲时	6～7
用于手动起重	4.5	作捆绑吊索	8～10
用于机械起重	5～6	用于载人升降机	14

钢丝绳的报废，是根据绳的直径磨损、腐蚀、断丝等情况而定的。当磨损量超过原来直径的 30%，要作报废处理；当整个钢丝绳外表面受腐蚀的麻面，检查明显时，则报废；当整根钢丝绳纤维芯被挤出，使结构受到破坏，也应作报废处理；钢丝绳的断丝报废标准，见表 3-4。

表 3-4　钢丝绳的断丝报废标准

钢丝绳的最初安全系数	钢丝绳的结构					
	6×19+1		6×37+1		6×61+1	
	在一扣距全长中拉断钢丝根数					
	交互捻	同向捻	交互捻	同向捻	交互捻	同向捻
6 以下	12	6	22	11	36	18
6～7	14	7	36	13	38	19
7 以上	16	8	40	15	40	20

二、吊索的选用与计算

吊装作业中常见钢丝绳作为一种吊具，通常称为"吊索"，也叫千斤绳、带子绳、绳套、拴绳和吊带。其作用是用于把物体连接在吊钩、吊环上或用它来固定滑轮、卷扬机等起吊机具。

吊索有封闭式和开口式两种，见图 3-5。

作吊索用的钢丝绳有 6(股)×37(根)和 6(股)×61(根)两种，这种规格的钢丝绳强度高，又比较柔软，捆扎方便。按照吊索使用频繁的特点，通常 6×61 的钢丝绳成对加工。

吊索的直径，要根据物体的重量大小、吊索的根数以及吊索与水平面夹角大小来决定。当夹角越大，吊索受力越小，反之，受力越大。同时水平分力还会产生较大的挤压力，见图 3-6，当有夹角时，应不小于 30°，通常在 45°～60°较为合适，以减小吊索的拉力。

$$S = Qg/n \times 1/\sin\beta$$

式中 S——1 根吊索承受的拉力(kN);

$\quad\quad Q$——物体的质(重)量(t);

$\quad\quad g$——重力加速度,取 9.8 m/s²;

$\quad\quad n$——吊索根数;

$\quad\quad \beta$——吊索与水平面的夹角。

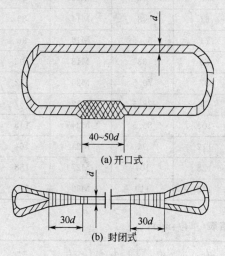

图 3-5 吊索

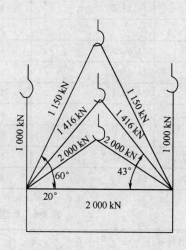

图 3-6 吊索拉力与夹角变化关系

三、绳夹、卸扣的规格与适用

绳夹用来夹紧钢丝绳末端或将两根钢丝绳固定在一起。常用的有骑马式绳夹、U 型绳夹、L 型绳夹等,其中骑马式绳夹是一种连接力强的标准绳夹,应用比较广泛。绳夹见图 3-7,各种绳夹规格见表 3-5 和表 3-6。

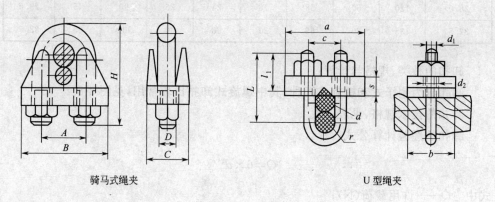

骑马式绳夹   U 型绳夹

图 3-7 绳夹

表 3-5　骑马式绳夹规格表（单位：mm）

型　号	常用钢绳直径	A	B	C	D	H
Y1-6	6.5	14	28	21	M6	35
Y3-10	11	22	43	33	M10	55
Y4-12	13	28	53	40	M12	69
Y5-15	15,17.5	33	61	48	M14	83
Y6-20	20	39	71	55.5	M16	96
Y7-22	21.5,23.5	44	80	63	M18	108
Y8-25	26	49	87	70.5	M20	122
Y9-28	28.5,31	55	97	78.5	M22	137
Y10-32	32.5,34.5	60	105	85.5	M24	149
Y11-40	37,39.5	67	112	94	M24	164
Y12-45	43.5,47.5	78	128	107	M27	188
Y13-50	52	88	143	119	M30	210

表 3-6　U 型绳夹规格表（单位：mm）

钢绳直径 d	a	b	c	s	d_1	d_2	L	l_1	r
8.8	45	30	21	12	10	14	45	25	10.5
11.0	55	30	26	12	12	14	45	28	13.0
13.0	70	40	33	14	16	18	55	32	16.5
17.5	90	50	40	16	20	22	75	40	20.0
19.5	95	50	44	16	20	22	75	40	22.0
24.0	110	60	50	18	22	24	90	45	25.0
28.0	120	60	58	18	24	26	90	45	29.0
32.5	135	80	65	20	28	30	110	55	32.5

卸扣的种类、规格与计算：

卸扣分为销子式和螺旋式两种，其中螺旋式卸扣比较常用，见图 3-8。

卸扣的技术规格，见表 3-7。

卸扣的经验计算公式：

$$Q = 6 \times d^2$$

式中　Q——许用载荷（N）；

　　　d——卸扣弯曲部分的直径（mm）。

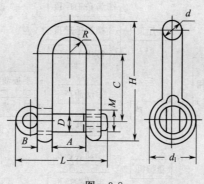

图 3-8

表 3-7 螺旋卸扣技术规格表(单位:mm)

起重量(t)	A	B	C	D	d	d_1	M	R	H	L
1	28	14	68	20	14	40	18	14	102	79
2	36	18	90	25	20	48	22	18	132	103
3	44	24	107	33	24	65	30	22	164	128
4	56	28	118	37	28	72	33	25	182	145
5	64	32	138	40	32	80	36	25	210	150
8	72	36	149	43	36	80	38	25	225	154
10	50	38	148	45	38	84	42	25	228	174
15	60	46	178	54	46	100	52	30	274	214
20	70	52	205	62	52	114	60	35	314	246
25	80	60	230	70	60	130	68	40	355	245
30	90	65	258	78	65	144	76	45	395	270
35	100	70	280	85	70	156	80	50	428	295
40	110	76	300	90	76	166	85	55	459	320
45	120	82	320	96	82	178	95	60	491	346
50	130	88	343	104	88	192	100	65	527	371

四、起重机具的选择

起重机具的种类很多,选择适当的机具,可提高工作效率,有利于保证安全生产。

起重机具可分为单动作和多动作两大类,见图 3-9。

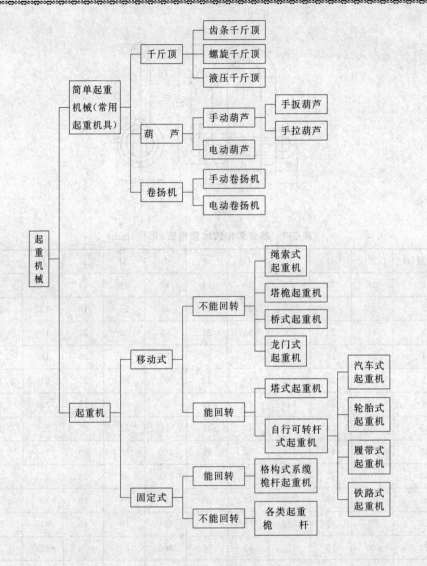

图 3-9　起重机械分类

起重机具选择的原则：

1. 尽量考虑施工现场已投入使用的起重吊装设备；

2. 要考查现场施工条件、设施及周围环境；

3. 要考虑施工周期的要求、工程质量和安全生产的要求；

4. 设备及非标准设备的质（重）量、外形尺寸、安装高度及精确程度的要求；

5. 尽量采用新吊装工艺和新机具，提高工效和降低成本；

6. 尽量减少机具和使用数量，充分发挥一机多用和减少重复吊运作业。

第三节　起重机安装和吊装作业的安全技术

一、起重机安装或吊装技术方案的制定

不管是起重机本身的安装工程，还是用起重机作为吊装手段进行起重作业，都要首先编制吊装技术方案，然后再按方案在现场实施吊装作业。如果盲目施工或技术方案不结合实际情况，这样会存在很大的风险，容易发生设备及人员伤害事故。

1. 起重机安装或吊装技术方案制定的依据

(1)起重机安装技术资料；

(2)承建工程建筑施工图；

(3)工程进度安排和要求；

(4)施工现场的作业条件(地形、交通、水电供应、施工期、周围环境及气候等)；

(5)可以调用的机具装备情况；

(6)整个工程的施工组织设计；

(7)吊装可采用的新工艺、新机具；

(8)有关起重吊装规程规范等。

2. 编制技术施工方案的内容

(1)工程概况：安装处的建筑面积、结构、形式、层高、吊装工程量、单价重量、总体重量、安装高度、对起重吊装的要求及特点等。

(2)总平面布置：机具(起重机、卷扬机等)布置位置及场地尺寸，设备堆放场地及运输线路，地锚、缆风绳的固定点，作业区范围。

(3)安装吊运方法和程序(进行优化对比，选定最佳方案)，标明组装就位点，起吊设备的运行线路及周围环境等。

(4)吊装受力分析计算：施工机具最大受力时的强度和稳定性核算。

(5)主要施工机具及材料一览表：按吊件物体的最大质量、高度来提出机具的品种、规格和数量，材料计划包括辅助材料、枕木、滚杠等。

(6)技术工种的人力安排和吊装进度安排：必需的配合工种要满足，进度安排应从进场开始到竣工验收，做到科学、均衡施工。

(7)技术安全措施：

技术措施：根据设计要求、允许偏差达到的质量标准，针对吊装中的薄弱环节制定切实可行的技术上的措施。

安全措施：要制定保证安全作业的各项措施，必须切合实情，抓住要害，具体明确。对冬季、雨季施工及现场不利的因素等，要有对应的具体要求。

对现场的安全用电，还要进行核查，特别是确保施工时缆风绳、起重机吊臂、起吊

设备等与高压线的距离,要符合其安全距离要求,见表 3-8。

表 3-8　缆风绳、吊臂、起重设备与高压线的安全距离表

输电线路电压(kV)	1 以下	1~20	35~110	154	220
最小距离(m)	1.5	2	4	5	6

3. 对双机抬吊等特别作业方案的审定和计算

对于大型起重设备的安装或吊装作业,往往会出现双机或多机抬吊的情况,这种施工方案如组织实施出现差错,最易发生重大设备安全事故和人员伤亡事故。双机抬吊示意图见图 3-10。

根据有关部颁规程规定:

两台同型号的起重机抬吊重物,其最大荷重不得超过两机额定起重量之和的 75%,还要保证负荷分配均匀。

两台不同型号的起重机抬吊重物,要合理分配载荷,其起重机各自的分配载荷不宜超过其安全起重量的 80%.

除按规定审查外,还应根据实际使用的抬吊设备,进行校核性计算。

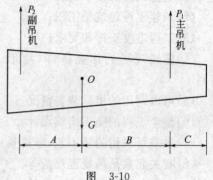

图　3-10

设备在水平时,主吊机承受的重量

$$P_1 = GA/(A+B)$$

当已选定吊耳位置时,计算副吊机承受的重量:

$$P_2 = GB/(A+B)$$

根据平衡条件:$P_1 B = P_2 A$ 　　　　$P_1 + P_2 = G$

吊装设备时,主机吊钩逐渐升高,即设备自水平逐渐趋向垂直位置,则 P_1 值逐渐递增至 G(设备垂直),副吊机上的 P_2 值逐渐递减为零。

公式中:

G——设备自重(t);

P_1——主吊机吊重(t);

P_2——副吊机吊重(t);

A——副机吊点离重心距离(m);

B——主机吊点离重心距离(m);

C——主机吊点离设备顶端距离(m);

O——设备重心位置(m)。

实际施工时,两台或多机抬吊其设备或构件,关键在于控制起重机吊装同步的问题,因各台起重机起吊速度快慢不一致,伸距、臂杆回转和起重机所处位置的不协调等均可造成起重机的载荷分配均衡或使载荷超过某一台起重机能承受的额定载荷,使之超载且又未能及时处置好而发生事故。

二、现场起重吊装的施工组织

1. 现场情况的调研和施工技术方案的复审

由于现场情况变化快,在组织施工前,必须对现场情况再次调研核定,对不符合实际情况的施工技术方案必须进行及时的复审变更。

2. 贯彻执行起重施工规范

HGJ 201—1983《化工工程建设起重施工规范》是起重机设计、起重施工的技术人员应学习的较全面的起重施工规范,其中"工件的装卸与运输"、"工件吊装"、"桅杆的竖立、移动与拆除"、"起重施工的技术管理"等主要章节是施工技术人员长期实践的宝贵经验的总结。全体施工技术人员对现场起重吊装工程必须遵循 HGJ 201—1983《化工工程建设起重施工规范》,结合实际情况进行讨论,制定分部作业的技术措施,做到大家都方案明确,责任明确,任务和责任落实到人。

3. 起重机安装和起重吊装施工监理

(1)现在的大型设备的制造、安装工程、新建建设工程施工,按国际惯例,都应实行工程监理制。在起重机安装或起重吊装施工项目中实施工程监理制度,在工程施工的计划中必须明确。

(2)监理工作应由甲方委托监理单位担任并及时开展监理工作;

(3)对于起重机安装工程,监理工作应在起重机设计、生产制造、运输安装及交接使用全过程中进行监理;对于起重吊装施工工程,监理工作应在施工准备、设备进场、组装转运、吊装施工及交接验收的全过程进行监理。

第四节　起重机使用、维修及管理经验谈

一、SDTQ1800/60 型高架门机主轴承快速更换法

(一)概　　述

SDTQ1800/60 型高架门机是某水利工程混凝土入仓、金属结构和混凝土预制梁吊装的重要起重机械设备,而该机的主轴承(型号为 90694/500)损坏,意味着整机性能的丧失(主轴承损坏的原因,主要在于设计时考虑不周或是制造质量不过关),从使用开始到某大型水利工程完工,先后使用的 8 台高架门机中,曾先后有 4 台的主轴承在运转中发生滚子破裂而损坏,同大修中更换的主轴承共 5 件。

主轴承每件总重 3 380 kg,当时价值 16 000 元左右,它安装在转柱底端,承受着

机械上部的重量和起重时的各种载荷共 470 多吨,转柱通过它实现全回转。每次更换它都花费了大量的人力物力,如果组织不当,更换时间相应延长。为使今后高速度地进行这项工作,缩短其停机时间,因全国水电工地此种高架门机或类似大型机械不少,特将主轴承的快速更换方法介绍如下供相关设计和使用技术人员参考。

(二)更换前的准备工作

1. 准备 320 t 手动立式油压千斤顶两台(见图 3-11),并注油试验,认为完好无误后,吊运到该机门架平台上,配足 10 号机械油约 20 kg。

2. 准备新的主轴承一套(包括上下座),运到更换现场并检查保养。

3. 辅助工、机具:5 t 手拉葫芦 2～3 台;15～20 t 的手动螺旋千斤顶 4 台;5 m 长左右的千斤绳 4 根;切割与焊接设备 1 套等。

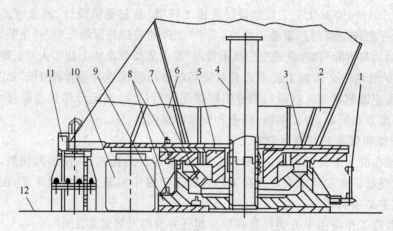

图 3-11　转柱顶升及主轴承拆换示意图

1—轴承油位标尺;2—转柱底座;3—调节垫片;4—中心活接管;

5—上座;6—固定支腿;7—轴承(90694/500);8—上下座的连接螺栓;

9—下座;10—320 t 油压千斤顶;11—活动支承座;12——字梁。

(三)更换主轴承工序及要求

1. 将主臂垂直于大车轨道方向,将两个活动支承座置于转柱底座两侧的支腿下面,与支腿对位放好,并进行拴接紧固。

2. 置起重吊钩于 55 m 幅度处,打开变幅刹车,使主臂与活对重自由进行平衡,然后制动。

3. 切断高架门机总电源(照明可接临时电源),拆除中心导电装置,抽出中心活接管(φ219),并拆掉转柱底座周围的栏杆。

4. 将两个 320 t 的千斤顶分别置于支腿的圆底板下面,其中心线偏差不得超过 2 mm。千斤顶的上下端面塞垫防滑的麻袋片。同时,拆除回转小齿轮的固定螺栓,放下小齿轮,摆放在下面的支承架上,以便转柱自由上升。

5. 拆卸主轴承上下座的连接螺栓。

6. 同时摇动两台油压千斤顶,每顶起转柱 10 mm,就在支腿与活动支座的间隙中塞入一块事先加工好的垫板,如此反复,直至达到所需高程,用以防止油压顶发生意外。转柱被顶起 60～70 mm 即可。

7. 在主轴承上下座之间,用 4 根 $\phi30$ 的钢筋对称焊接联接,在上座板的下平面 4 个角处用手螺旋顶同时上顶,使下座离开一字梁 28 mm 即可,然后在下座底面塞入 $\phi28$ 圆钢或同样厚度的钢板,以便下座的下止口离开一字梁。

8. 拆掉 4 个螺旋顶,用手拉葫芦将主轴承整体水平地移出。

9. 将新的主轴承整体装入定位。以下工序与上述工序相反。

(四)有关问题及注意事项

1. 主轴承整体更换,可在 48 h 内完成(从总电源切断到安装好试车止,如果部分更换,时间反而更长)。

2. 更换工作要有一台相当于 10 t 门座起重机的起重设备和一辆载重 5 t 的汽车配合。

3. 需要协同工作的有起重工、钳工、电工、电焊工各若干人及本起重机司机配合,并实行三班制作业。

4. 更换主轴承的工作不得在大风大雨时进行。

二、起重机回转盘修理技术

在工程起重机械大修过程中,某大型水利工程对准备更换的 3 台 30 t 门座式起重机的回转盘,采取修旧方案,不仅完成了大修,满足了工程需要,还为国家节省了大量资金。经过多年的实际使用,情况良好。现将 30 t 门座式起重机回转盘修旧技术介绍如下,供使用同类型起重机的管理及技术人员在修理工作中参考。其他类型的起重机回转盘修理同样可参考这种修理方法进行修复。

(一)设备简况

30 t 门座式起重机的回转盘是该机的重要支承和传动部件,其直径为 7 m,高度为 206 mm。它由回转轨道、回转针齿圈及支承件组成,承受着门架上部机体的全部质量和工作时各种载荷约 105 t,有 4 组回转轮运行于环形轨道之上。经过长期使用,回转盘不圆度加大、回转轨道板断裂及接头处凹陷、针齿局部磨损、轨道环形焊缝开裂及盘底螺孔扩大。原定对 4 台门座式起重机的回转都换新,请大修单位加工制作。但第一台新回转盘加工安装后,据新件安装情况和旧件损坏的情况,采取了相应处理,认为再使用 1～2 个大修期是没有问题的,同时可节省不少资金和人力物力。

(二)修旧工艺简介

1. 回转圆柱针齿磨损处理

对针齿逐个进行检查,对局部磨损量超过 1.3 mm 的针齿销进行了更换。对局部磨损量在 0.8～1.3 mm 之间的针齿销予以旋转位置，使啮合部变更并加以固定。为慎重起见，针对针齿销磨损后的使用强度进行了校核性计算（计算从略）。

2. 轨道板断裂处理

将断裂段（多数在接头附近）去掉，加工新板，并在接头处按水平呈 45°进行对接，平整贴合后施焊（见图 3-12）。

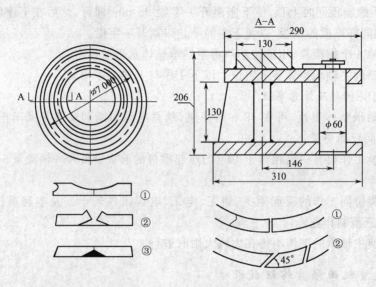

图 3-12　轨道板接头处凹陷及断裂处理示意图（单位：mm）

3. 轨道环形焊缝开裂处理

将开裂处刨开（长度比开裂处略长），然后按焊接工艺施焊。

4. 接头处凹陷处处理

将凹陷部位两边的焊缝刨开一定长度，然后撬起轨道板，塞进所需厚度（按不同情况而异）的薄钢板，最后压实施焊。

5. 底座螺孔偏大处理

安装时如发现妨碍安装定位，就采取加焊事先钻好孔的垫片（就位后施焊），2 号机新换的回转盘出现螺孔错位，就是采取此种方法进行处理的。

（三）技术分析与讨论

三台修旧处理的回转盘在使用中同其他起重机的回转盘一样，其整体轨道板的环形焊缝经常发生部分位置开裂，查阅了国内外有关资料，出现这种情况是多方面因素造成的。其主要原因是由于焊接前的预热要求与焊接时的实际工艺相差较大，以及起重机使用时的不良工况因素。另一方面，回转盘本身的刚度（厚度）不够也是一重要原因。焊缝开裂的角度一般呈 45°方向，此大型水利工程使用的各型门机和塔机，其回转盘回转轨道都有这种开裂现象。只要按时进行补焊（注意分段补焊并实施间隔差时方法）即可。

类似这种回转盘（轨道板分水平和竖立方式 2 种），作者建议，对于已使用多年的门座式起重机，一般采用修补改进的办法比较好一些。对存在一些毛病就进行整个大部件更换，从使用和管理角度上讲，不一定是经济和实用的办法。

三、对部分门座式和塔式起重机的改进意见

某大型水利工程主体工程施工使用的大型门座吊和塔吊共有 43 台。其中 SDTQ1800/60 型单臂塔架起重机（以下简称高架门吊）共 8 台，MQ540/30t 门座式起重机共 13 台；25 t 门座式起重机 1 台；德国制造的 10/20t×40/20 m 全回转门座式起重机（简称德国门吊）共 6 台；俄罗斯制造的 KBTD-101(102) 型 25 t 塔吊共 5 台，国内制造的 25 t 塔吊共 10 台。根据工程使用情况和对其中 37 台设备大修理的情况，对有关设计、使用及维修方面提几点建议供有关管理和技术人员参考。

（一）金属结构

对上述设备进行大修理的全部费用中，金属结构的修理费用约占大修总费用的 25%，应引起设计和使用单位的足够重视。

1. 在满足强度和刚度的前提下，结构件的数量应尽量减少。如果构件数太多，拆装就很费事，且增多堆积、转运的机会，构件损坏也就多。在施工现场要求这些起重设备拆装迅速，为此技术要求很高。从表 3-9 可以看出，在保进度、争时间的前提下，我们认为这些设备在设计时对大部件吊装的情况考虑不周，由于转运和吊装次数过多，加剧了构件的损坏。

表 3-9　平均每台次拆卸安装速度统计表

类　别　速　度　机　型	拆　卸				安　装				备注：
	平均速度		最快速度		平均速度		最快速度		拆装时一般
	天数	工日	天数	工日	天数	工日	天数	工日	配备一台 30 t
德国门吊	6.6	483.1	2	270	16.2	1 084.7	4	294	门座吊。少数
国内门吊	4.5	265.1	2	75	15	768.6	2	134	的用双机抬
塔　吊	14.2	927.8	3	521	30.1	8 328.6	11	812	吊。
高架门吊	19.9	1 808	15	719	69.9	4 141.7	19	1 443	

2. 设计时应考虑大件和小件拆装情况，分别设置吊点。作为水利工地使用的起重机，我们认为这一点应作为今后设计时的一个重要内容。因为在施工现场拆装时都要经过试吊找平衡，选定吊点，结果局部受力不匀，加上绑扎情况也不尽合理（这是由多方面因素造成的），因而构件损坏，影响构件的安装精度，同时也易发生事故。建议在设计时便考虑吊点的受力状况，改变吊点处结构或设置吊耳，这将给安装拆卸带

来很大方便。

3. 应选用合理的构件截面和采用最佳连接方式。根据受力情况决定不同的构件截面应作为设计的首要要求,尽量不迁就库存材料任意取代。高架门吊的支撑杆件采用焊接工字形截面,不论从使用和拆装情况来看,都比由繁多的角钢组件好得多。

构件的连接一般不要采用盖板螺栓连接,因为它拆装麻烦,经常拆装会磨损、锈蚀使螺孔增大;连接板损坏后进行更换很麻烦。经常拆装处以承插式销连接或法兰套柱螺栓连接为好。采用管结构的地方应考虑密封。W—4 型吊车(QUY—50)的起重臂,在接头处未密封,使钢管内壁锈蚀严重。

4. 机房应牢固、防雨性要好。机房的墙板、顶盖,由于经常拆装,大多数都有损坏和变形。结果就出现不易解决的漏雨现象。故建议设计时将墙板、顶盖的板厚增大;每片的刚度加大;连接螺栓则应减少;再加上认真地改进接缝结构,才能杜绝漏雨的情况。

5. 应适当考虑高空维修的附属装置。为了便于门座吊和塔吊的机构部件及时进行修理或更换,要设有一定的维修用附属装备。不管是高空修理或放到地面修理,都希望吊车自身带有附属装置,因为在塔吊上拆换大部件常常无法利用其他机械。MQ1000 型高架门吊增设的附属装置是比较合理的。

(二)传动机构

1. 变幅机构

高架门吊由于变幅引起的振动比较大,变幅齿条端部设置的减振装置不起作用。这是由于油缸的回油太快,漏油也严重,因而我们在二次安装时都未注油使用。希望设计单位研究改进。如果工艺与强度允许的话,大吨位起重机我们建议尽量采用滚珠螺杆变幅。高架门吊的变幅梁与起重臂的连接方式也希望改进。因为安装连接轴销时很费时,一台吊车又不能单独进行拆装:变幅梁端头端盖连接螺栓常被切断,更换时需将吊臂拆散重装,建议采用更为方便耐用的连接方式。

2. 回转机构

门座吊回转机构的大齿轮(Z72)到龆轮(z9)是由刚性立轴传递扭矩的。回转时,由于回转惯性力和安装误差使立轴的支承架经常松动和断裂,有时在加固后又发生断裂,建议像东德门座吊那样,在此部位装上齿轮连轴器,避免经常性的修理。高架门吊回转减速箱的固定螺栓常被切断,其主要原因也是到龆轮中间未设齿轮联轴器。

3. 行走机构

门座吊和塔吊的行走轮安装有定轴式和转轴式两种,从使用与维修情况来看,以定轴式为佳。特别是经常用行走来达到变幅时,需要经常拆换走轮。所以,采用定轴式有一定的经济价值。行走轮与轴的装配方式最好采用锥轴连接或其他的无键连接。我们在大修时,轮与轴之间因为有锈蚀,用400 t的千斤顶都卸不下来,结果报废了许多可用的走轮和轴承。建议设计者在零部件设计时尽量采用新技术、新工艺。

行走台车架和回转车架的端部目前都采用焊接封闭式结构,我们建议改为螺栓连接的可拆结构,以利拆换某组的单个行走(回转)轮。行走台车架与门架底梁的连接最好都采用可旋转的活动支座连接,此种结构便于在大车行走轮轮缘擦轨时进行调整,从而延长行走轮的使用寿命。有条件和需要时还可实现整机转移。

(三)起重机零部件

1. 塔顶球形转座

25 t塔吊有三种机型,它们的球形转座(俗称蘑菇头)在运转中都曾发出声响和损坏过,先后更换过五套,当时价值21 080元。摩擦严重的在离塔机500 m远的地面都能听到响声。对此,我们对它不断地进行改进,目前的球形转座已基本运转正常。球形转座引起声响的主要原因和解决的办法可归结如下:

(1)球轴铜套摩擦面油道布置不合理,润滑不良,引起铜套烧坏或由此造成球头、球座黏性磨损。增设油槽后,润滑情况大为改善。

(2)塔帽与塔尖在转座回转接触处,因运转磨损使球座上端面摩擦塔帽顶板。这是由于塔帽顶板的开孔过小,建议通过切割顶板来解决。

(3)球轴上端面与滑轮座之间经运转后间隙减小,加剧摩擦。这可用加垫的方法解决。

(4)回转水平轮与轨道之间的间隙,应前后左右大致相等,否则会引起上部支承回转面不正常接触以及回转水平轮啃轨。改正的方法是合理调整水平轮位置和修理圆盘。

2. 钢丝绳及滑轮

按时润滑保养无疑是延长钢丝绳使用寿命的方法之一。但更为重要的是合理选择钢丝绳的结构型式、滑轮尺寸及轮槽的构造。随着钢丝绳设计制造水平的不断提高,应及时选用耐磨、强度高的新产品。例如选用新型的线接触多层股钢丝绳便是延长使用寿命,减少停机的好办法。滑轮直径和绳槽结构型式无疑对钢丝绳和滑轮寿命的影响极大。我们这里使用的起重机,其滑轮直径 D 与钢丝绳直径 d 的比值有的还未达到机械部标准 $D/d=25$ 的规定。据《起重运输机械》刊登的吴锁云的译文介绍,国外以实验数据证明了 D/d 值与寿命的关系很大,故请设计单位多加注意。据统计6年内共更换了当时价值达近百万元的钢丝绳,如果各方面予以注意,是可以节约不少资金的。

3. 回转轨道和小车轨道

门座吊和塔吊的回转轨道经常需要修理,其原因是:

(1)轨道与轨道支撑钢板的贴合不密实(也不易密实),因而受力后引起焊缝沿

45°方向开裂。

（2）轨道接头处留有的间隙太大，受压后接头处呈区段性凹陷（最大凹陷4 mm），回转时引起震动和个别车轮滑动。塔吊有的回转轨道有 90％以上因挤压塌陷被更换过，更换后的轨道我们都加厚了 10％，加宽了 36％。因此建议将原结构分别改成如图 3-13 所示结构。

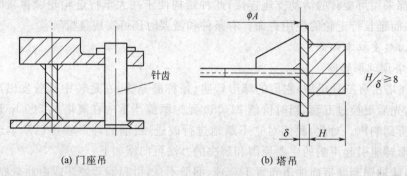

（a）门座吊   （b）塔吊

图 3-13　回转轨道截面图

塔吊的小车轨道原选用 128b 型，在大修检查时发现工字钢翼缘都有不同程度的下挠，最大下挠为 8 mm。经我们分析计算，显然选用的工字钢型号偏小了。我们已将最严重的更换了一副，其余的全部在工字钢底平面贴焊上 8 mm 以上厚度的板带加强。

4. 回转大齿圈

门座吊和高架门吊在安装回转小齿轮（蛆轮）时非常麻烦，要先置蛆轮于齿圈针齿内，然后穿主轴。如果蛆轮在使用时损坏或需修理轴与蛆轮的键配合，都得拆开回转机构，修好后再重新安装一次。这种修理的次数比较多，费工费时不经济。建议在大齿圈的结构上进行改进，例如将齿圈针齿下支承板在 2～4 个针齿安装区域内设计成活动支承板，活动板的两端与相邻支承板对正。下平面再用长一些的钢板将活动板与固定板用螺栓连接起来。活动板上同固定支承板一样，镗有圆柱针齿安装孔。这样安装拆卸蛆轮就非常方便。

5. 行走轮和制动摩擦片

几年来，我们先后更换行走轮共 119 件，当时价值达 30 万元，其中大多数为踏面表面开裂、剥落，少数是因为大车轨道铺设不符合规定而引起轮缘严重磨损和变形。因此建议制造厂对轮缘结构、热处理工艺予以重视。我们这里对踏面要求受条件的限制，未作过多种试验，只是在整体调质处理后，其使用情况比原来的热处理件稍好一些。摩擦片（即制动瓦块材料）经使用对比，粉末冶金摩擦材料的使用寿命相当于石棉制品的数倍。因此建议设计和使用单位今后尽量选用粉末冶金材料的摩擦片。

（四）电气控制

1. 门座吊的变幅和行走机构电动机转子回路可改用频敏变阻器，因为这两个机构可以不变速，只要求起动平稳就行了。采用转子回路串电阻的方案需要的电器多，除几大箱电阻外，还需要好几个加速接触器与一个凸轮控制器。控制电路比采用频敏变阻器复杂，投资又大。所以我们在大修中按新的方案将门座吊原来的行走机构都改成了用频敏变阻器的起动方式。但改后的冲击力都较大。

2. 对德国门吊也把其中三台的电器器具全部改成了国内产品。这样给今后的维修工作带来方便。它们的取代、更换情况见表 3-10。

表 3-10　电器器具更换情况表

原 产 品 型 号	取 代 产 品 型 号	取 代 原 因
CJS_2 系列交流接触器	CJ_{12} 系列交流接触器	原系板式零件组装，坏后不易更换
JL_0 系列过电流继电器	JL_{15} 系列过流继电器	原系安装维修不便，动作灵敏度差
JL_{12} 系列过电流继电器	JL_{15} 系列过流继电器	原系因漏油而动作不准确，难修复
XH_1-A 电流换相开关	LW_2-888/F_4-8X 组合开关	接点易烧，易碎，转动不灵，寿命短
XH_1-V 电压换相开关	LW_2-4605/F_4-8X 组合开关	同上
国外过流继电器	JL_{15} 系列过流继电器	原件无配件更换
国外的交流接触器	CJ_{10}、CJ_{12} 系列交流接触器	同上
德国生产的时间继电器	JT_3、JT_{3A} 系列直流电磁继电器	同上
JDJ-6 型电压互感器	JDZJ-6 电压互感器	原产品体积大而重，易漏油，易脏

3. 我们使用的塔吊、高架门吊的行走机构，均采用 YDWZ 系列的液压电磁铁制动器，其优点是噪声小，但价格贵。配用的 MY_1 系列的油泵重量大、易漏油，致使推力不够或无推力，维修困难，而且一台制动器还要配用一个 ZL 系列的整流桥。原设计中整流桥是每个行走机构上装一个，且无保护罩，经常出毛病或完全损坏。我们建议采用 MZD_1 系列电磁铁，配用 JWZ 或 TJ_2 系列制动器，其造价低，动作可靠，维修简便，线圈烧坏后也可重绕，车上备有线圈，司机可及时更换。

4. 门座吊中高压柜内的电流互感器变流比为 100/5。由于车上用两台 100 kV·A 或一台 80 kV·A 的变压器，原方电流一共只有 20 A 左右。实际工作时，原方电流不超过 20 A，所以高压柜配套的 1T1 型电流表基本上不动，提升电机启动时也不超过 30 A，在 100 A 的表上反映的读数很不准确。我们建议采用 50/5 的电流互感器，这样可配用 50/5 的电流表，指示可以准确而醒目一些。高架门吊高压柜中也是 100/5 的电流互感器，而两台 240 kV·A 变压器的原方电流之和仅 23.8 A，工作时电流表指示也不准确，也应采用 50/5 的电流互感器。

5. 门座吊和塔吊多半未设超载保护装置，随着科学技术的发展，国外新型的力矩限制器也有了，如日本神户出的 125 t 汽车起重机上配置的这套安全装置使用就较为灵活好用。我们国内也应该研制和配备行之有效的超载保护装置，更好地保障人身和设备的安全。

6. 起重机的升降控制电路中应根据情况增设防止方向接触器接头粘连故障的保护回路，我们这里因触头粘连酿成事故的现象不止一两次。特别是在吊钩重物下降时，当重物下降到预定位置，司机掷操纵杆于停车位置，若发生控制主电动机的接触器触头粘连，电动机继续运转，抱闸力矩小于电动机继续转动和重物下降产生的力矩时，就会刹不住车，重物继续下滑，酿成砸坏财物或人员伤亡的事故。为避免这类事故重复发生，我们自行设计了一个防粘连保护回路装在 SDTQ1800/60 型单臂塔机上试用成功后，情况良好，故在其他一部分起重机上也推广应用了。

四、门座吊斜坡牵引移位方法

在某大型水利工程施工中，安装使用在泄水闸顶的两台 10/30 t 门座动臂式起重机，因现场施工的需要，需将该门座吊所处高程抬高 1.3 m。其移位工作按常规可用两台门吊互为起吊手段进行转移拆装。但由于现场施工紧张，工期要求很短，不能这样安排。为此，我们根据地形地物采取了斜坡牵引的方法达到施工要求的新高程。这一施工方案，不仅安全顺利地完成了移位翻高任务，同时节约了大量资金，最大限度地减少了门座吊的非生产时间。现将斜坡牵引门座吊的施工方法简介如下，供有关施工单位在相似情况时参考应用。

（一）施工方案选择

一种常用方法是用一台吊车去拆装另一台门座吊，待新高程的门座吊安装完毕，再用该台吊车拆装原来下面的一台。此方案在实施期间，两台门座吊都不能进行吊装施工作业，同时还影响拆装区段内其他工作的正常进行。拆装工期较长，费用较多。

另一种方案为斜坡牵引方法，在 15 m 长度范围内先浇筑好起重机轨道混凝土斜坡埝（实施时是大面积浇筑，因这一区段后来需要整个用混凝土浇注增高），然后铺设起重机行走钢轨，用卷扬机将起重机沿斜面轨道牵引到新的高程。这一方案需提前浇注混凝土、预埋牵引用的地锚并安设卷扬装置。它既可以大大缩短门座吊的非生产时间，尽快达到新高程，投入生产，又能够节省较多的人力物力。

经过对比，结合现场实际情况的调研，采用了后一种施工方案。这在有的施工单位缺少吊装手段的情况下，更显出它的优越性。

（二）牵引施工布置

根据起重机的总重、坡面情况，上坡牵引力为 15 t 左右。因此，在新高程坝面埋设两个地锚（每个承受牵引力 30 t）并利用现有的两台 10 t 卷扬机（也可以用一台牵引），其布置情况见图 3-14。

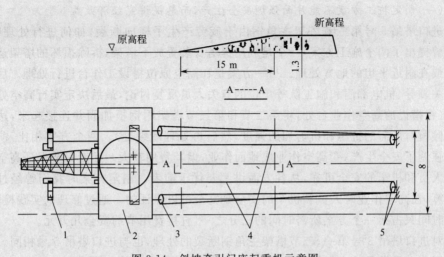

图 3-14　斜坡牵引门座起重机示意图

1—卷扬装置；2—30 t 门座起重机；3—导向滑轮；4—牵引绳；5—地锚及滑轮组。

（三）施工时的注意事项及要求

1. 验算门吊在斜坡上被牵引时的整体稳定性。

2. 牵引前的准备工作：

（1）松开门座吊行走机构的制动器；

（2）吊臂与起重机轨道线平行放置，起重臂变幅，使吊钩至 18 m 幅度位置，门吊后部配重置于上坡方向；

（3）将四组回转台车用钢丝绳固定在回转盘的圆柱针齿上，以保护回转中心轴不受意外损伤；

（4）作好卷扬机的保养、紧固、调试等工作，保证两台卷扬机同步运转，并适当将机座与地面固定。

3. 牵引时要注意统一指挥和协调，并搞好有关的安全保护工作。

（1）为防意外，当牵引至斜坡上时，用枕木、铁靴等物放置在行走轮后，防止万一在钢丝绳拉断时门吊沿斜坡下滑。

（2）注意水平轨道与斜坡轨道接点的平滑过渡，防止行走轮跑偏和脱轨。

（3）注意其他常规安全注意事项（略）。

五、塔吊金属结构的高空修理施工技术

在某大型水利工程施工中，我们先后对 2 台 25 t 进口塔吊和一台 25 t 国内生产的塔吊金属结构和小车轨道在高空中进行了修理和更换，为国家节约了大量的资金，缩短了修理时间，使机车提前投入了生产。现根据几次修理情况谈谈现场施工组织

的一些看法,供有关技术及管理人员参考。

(一)制定施工方案不能片面强调安全生产,而忽视讲究经济效益

进口塔吊 5 号第三节塔架主角钢由于疲劳产生了横向断裂,如何进行处理呢? 我们曾提出了两个施工方案,一个是利用提塔身装置放下塔架,拆除损坏的塔架运到车间或在附近平坦的地方处理。另一方案是在高空原位搭设工作台进行处理。后经过有关领导、机电部门和施工队等单位的有关人员反复讨论,最后决定实行高空处理方案(在搭设的高空作业台处,将第二节和第三节塔架用钢板加固并连接起来,达到塔吊倾覆时所需的抗压和抗剪切的强度,然后再处理断裂处)。两个方案相比,前者主要强调了安全生产,变高空作业成地面作业,但其费用较大。后者只要保证高空作业时人员和机车的安全可靠,从各方面讲都要优于前者。制定方案时我们曾经过反复计算,在高空作业时人员和机车的安全是完全可以保证的。通过修理的实践检验,修理时间只占第一个方案所需时间的三分之一,直接费用节约资金几万元。

对进口塔吊 3 号第一、二节塔架主角钢断裂的处理,也与进口塔吊 5 号相同。

国内 2 号塔吊的小车轨道在幅度 33 m 至 40 m 处由于某些原因产生了水平旁弯和扭曲(工字梁上边沿到下边最大偏差 45 mm),致使小车在此幅度内不能工作,而冲砂闸闸墩混凝土浇筑又亟待进行,如何处理? 为此,我们在现场进行了检查测量,拟定了在高空更换 11.45 m 工字梁的处理方案(在地面设置 5 t 卷扬机牵引、拆除旧轨道和安设新的工字钢轨道,最后进行焊接打磨)。经相关领导同意,我们进行了实施,与常规处理办法(拆装一次塔吊进行修理)相比提前了半个多月就完成了任务,直接费用可节约资金 5 万多元。

通过几次高空修理的施工实践,我们认为关系到混凝土浇筑的现场施工,其时间非常宝贵,如果片面强调安全生产,耗用大量的人力物力去处理问题是不太合适的。应取的态度是把严格的科学态度同节约经济开支结合起来。

凡事预则立,不预则废。从以往发生的大量事故分析来看,只要参加施工的全体人员都重视安全生产,采取切实可行的技术措施,高空作业完全能够做到平安无事的。

(二)施工现场技术负责人应有随机处置权,统一进行指挥和处理问题

单项工作,如涉及到 2 个生产单位或多个生产单位,必须由负责这项工作的技术负责人统一指挥。我们进行的这几次高空作业,指派了专人负责。每个班实行阶段性的任务包干,这样可使总的进度得到保证。在阶段性任务包干时,给大家还留有一定的余地,使高空作业的人员能精神饱满地工作,即在施工时,要考虑到大家的情绪、疲劳、技术水平等因素。负责技术施工和组织的人必须随时掌握施工情况,特别是注意关键性的工作和将直接影响到下道工序的某些潜在因素。我们在这几次高空作业中,负责技术施工和组织的人都是加班加点地跟班作业、参加具体工作,及时联系和解决问题。

（三）参加单项工作所有的施工人员要相对地固定

由于两班作业及多种工种配合施工的情况多，一项工作从技术交底、工作环境熟悉到相互配合展开工作，已经对事物有了初步的认识，在精神上物质上有了要搞好这项工作的打算和准备。如果突然换一批人，这对工作是不利的，并且中途换上来的不管工作的简单复杂与否，思想上都有一定的情绪，这就必然直接影响到此项工作的进展与成效。

（四）技术人员从制定方案到任务的完成应参与全过程，负责到底

我们认为，一个好的施工组织者，一位优秀的技术施工人员，不仅应该急工程之所急，制定一个好的施工方案，而且也应该参加实行这个方案，在实施过程中对其检验和完善。这样可不断地积累实际工作经验，从而提高我们的思想水平和工作能力。那种随领导说了算，不管经济效益如何，以不负责的做法和制定了方案就以为万事大吉的想法我们认为是与我们现场技术人员传统的职业道德不相容的。

（五）单项工作完成后，应该予以总结，吸取教训，推广经验

有不少单位在生产上对抢进度感兴趣，而对完成任务后进行资料整理、分析总结比较忽视。应该对进行过的工作随时加以分析总结，摸出事物的内在联系（如果重视，这里不存在一项工作完结没有时间和没有人员进行总结的问题），在工作中实施全面质量管理，只有这样，我们才能高速优质地完成我们所承担的各项任务。

六、如何安全使用履带式起重机

履带式起重机由于能适应多种不同地面情况，短距离来往行驶自由方便，且起重量较大，适用于矿山、水电工程建筑、房屋建筑等基础设施工程的吊装转运工作，受到了用户的广泛欢迎。但同时，由于管理及操作人员对其使用特点（有别于其他类型起重机）未加充分注意，履带式起重机在吊运过程中发生折臂、整机倾翻的事故在全国建筑施工单位发生较多。为充分认识履带式起重机的使用特点，减少设备和工程施工费用损失，现就其管理和使用中遇到的问题，分析归类如下，并提出了相应改进措施。

（一）履带式起重机发生事故的主要类别和主要原因

1. 发生的事故主要情况分类

（1）起吊重物超载而使整机倾翻。超载引起倾翻可分为两种：一种情况指地面平整且坚实无沉陷时，起吊的重物在变幅或不变幅都超重时引起的倾翻。另一种情况指起吊重物时由于地基原因引起沿其履带板纵向（前端）下沉和沿履带板侧面方向（当吊起重物回转到侧向）下沉而引起的倾翻。这种情况是综合因素互为影响发生的，即在满负荷（或接近满负荷）起吊时，因地基不坚实造成纵向或侧向支承处下沉，而下沉引起重物所处幅度迅速增大，在重物未落地前，因幅度增大（超重已发生），又加快了起重机下沉前倾的趋势（变化瞬时加快）而最后整机倾翻。这种倾翻所占比例

较大。

（2）因吊臂超限位使整机倾翻。当吊臂变幅至 80°（与水平面交角）以上时变幅控制系统还未断电，当吊臂重心后倾超过极限失稳时，如无防倾杆或无防倾拉索，吊臂向后倾倒而致使整机后翻。

（3）起重臂折臂事故。第一种情况是当吊钩被起升到臂头滑轮组处而无高度限位装置或装置失效时，吊臂承受起升绳的巨大拉力而引起吊臂折断。第二种情况是在长吊臂空载行走在坎坷不平道路情况下，吊臂因而产生过大的振动，如吊臂制造本身存在着缺陷（焊缝存在夹碴或裂缝），亦会引起折臂事故（在某大型水利工程使用的 50 t 履带吊就曾发生过此类事故）。第三种是因为违规操作进行斜吊，其回转锁住不能自动回位时，吊臂侧曲而使吊臂折断。第四种是因与周围结构、建筑的碰撞过大造成吊臂损毁。

（4）由于绳、吊具破坏，重物突然坠落而引起吊臂抖动和反弹，致使吊臂受损或整机倾覆。

（5）其他：由于设备未及时修理，各机构运转不正常，电气控制失灵造成的事故以及因大风、地震等自然灾害引起的事故。

2. 发生事故的主要原因

通过对多起履带式起重机重大事故的分析，其主要原因在两个方面。一个是技术方面，另一个是管理方面。管理方面可分为常规的使用管理和设备使用的现场施工管理。由于施工现场情况复杂，各方面对设备使用的要求各不相同，时间紧任务重，连班作业强度大，因而后者的管理难度较大。

（二）从技术上采取措施，为安全使用设备创造条件

1. 加强对管理者和使用者进行技术培训，使大家充分地了解和掌握履带式起重机技术性能和特点。譬如，起重机组装最长的吊臂后，要从地面拉起，它此时的变幅拉力比在起吊最大额定负荷时的拉力大得多，故在组装长臂时，尽可能地抬高吊臂放置位置，以便拉起吊臂时省力和安全。而在起吊最大额定负荷时，变幅拉力小些，但整机稳定性成了主要矛盾。故应重点检查地面平整情况、有无沉陷以及周围环境等，同时还应降低回转的速度。

另一方面，对整机各大运行机构、金属结构和电气液压系统的技术状态要全面把握。大家常说的"带病作业"，往往就是事故发生的前奏。如果工程任务特殊，需要超负荷使用，必须有专门可靠的技术措施并报有关技术部门批准。

加强对司机、起重工和维修人员的技术培训，是做好技术保证的关键一环。一位好的司机，还在于除训练掌握本机技术性能和特点外，还能长期坚持按操作规程办事，抵制不合理的特别是危险的使用起重机的要求。

2. 建立起重机技术档案。对运行、保养、维修、安装要及时记录并整理归档。

3. 加强安全技术监督检验。对新机、重新安装及修理后再使用的起重机，可参

照 GB 6067—1985《起重机安全规程》有关规定进行检验。对不合格的要限期整改，否则，应禁止交付使用。特别是履带式起重机应装设的安全保护装置——起重力矩限制器和高度限位装置一定要求完好可靠。

（三）从管理上制定切实有效的管理办法

1. 严格实施和按时检查，使按操作规程办事成为大家共同自觉遵守的准则。

2. 搞好交接班管理制度。

3. 贯彻好定人定机（人员缺少时可实行相对固定）和机长负责制。

4. 对设备定期检查，及时维修，开展劳动竞赛活动。

5. 对大件吊装和在复杂地形及地基不坚实的地方使用起重机，要制定相应的吊装方案，并有专人负责和派专人在现场监视使用。

综前所述：管理和使用人员对履带式起重机只要思想上重视，技术上措施得力，管理上严格，结合实际使用条件不断进行探索和完善各项管理制度和方法，履带式起重机一定能安全、高效地发挥作用。

附录：部分起重机安全保护装置的行业标准和检定规程摘编

一、关于起重机安全保护装置的行业标准的说明

国家质量技术监督局先后颁布了 GB 7950—1987《臂架型起重机起重力矩限制器通用技术条件》、GB 12602—1990《起重机械超载保护装置安全技术规范》和 GB 7950—1999《臂架型起重机起重力矩限制器通用技术条件》，由于国内许多生产厂家研制的技术水平和电子元件的质量水平，其工业应用的效果不是很理想。2003 年，交通部水运科学研究所通过全国调查研究认为，原来在港口机械上使用的起重机力矩限制器和起重量限制器普遍存在质量问题。为此专门成立了课题研究组，重新起草了产品标准，2004 年交通出版社出版，2004 年 9 月 1 日在全国实施，即 JT/T 586—2004《港口机械 负荷传感器二次仪表》、JT/T 587—2004《港口机械 数字式起重力矩限制器》。下面是这两个标准的文本，可作为最近出版的行业标准执行。

港口机械　负荷传感器二次仪表

1　范围

本标准规定了港口机械超负荷保护和起重量实时检测用负荷传感器二次仪表（以下简称二次仪表）的技术要求、试验方法、检验规则、标志、包装、运输和贮存等内容。

本标准适用于不涉及幅度及吊臂长度变化的起重设备之数字式超负荷保护装置的二次仪表。

本标准不适用于机械型超负荷保护装置的二次仪表。

2　规范性引用文件

下列文件中的条款通过在本标准的引用而成为本标准的条款。凡是注日期的引用文件,其随后所有的修改单（不包括勘误的内容）或修订版均不适用于本标准,然而,鼓励根据本标准达成协议的各方研究是否可使用这些文件的最新版本。凡是不注日期的引用文件,其最新版本适用于本标准。

GB 4208　外壳防护等级（IP 代码）

GB 12602—1990　起重机械超载保护装置安全技术规范

JB/T 3085　装有电子器件的电力传动控制装置的产品包装与运输规程

3　术语和定义

下列术语和定义适用于本标准。

3.1　负荷传感器二次仪表 secondary meter for load cells

对负荷传感器的输出信号进行采集、处理、显示,并根据设定点进行相应控制的仪表。

3.2　控制回差 control error

起重设备负荷达到额定值后,二次仪表控制电路动作。当实际载荷低于额定载荷后,二次仪表控制状态解除。超载控制与解除控制状态的载荷差值,称为载荷控制回差。

3.3　综合误差 combined error

二次仪表安装在起重机上,动作点偏离设定点的相对误差。

4　技术要求

4.1　工作环境条件

工作环境条件如下:

a)温度:(−20～+60)℃;

b)相对湿度:不大于 95%;

c)工作方式:连续。

4.2　显示内容

负荷传感器二次仪表液晶显示屏应显示以下内容：

a)额定起重量,t；

b)实际起重量,t；

c)实际起重量与额定起重量的百分比率。

4.3 功能

4.3.1 二次仪表应具有检测和控制功能：

a)检测功能：二次仪表能够实时检测起重机的起重量,并显示起重量等数据。

b)控制功能：当起重机的实际起重量达到额定起重量的 90% 时,二次仪表发出音响和/或灯光预警信号；当实际起重量达到额定起重量的(100～110)% 时,延时(1～5)s 后,同时发出音响和灯光报警提示信号,并切断相应电源,此时只允许起重机向安全方向运行。

4.3.2 二次仪表应能区别和处理起重机实际超载与正常作业时吊物起升、制动、运行等产生的动载影响。

4.3.3 二次仪表正常工作时,应能自动地执行规定的功能,不得增加司机的额外操作。

4.3.4 当二次仪表本身发生故障时,能发出不同于预警信号和报警信号的提示性信号。

4.3.5 二次仪表应具备清零功能。起重机作业时,清零功能自动关闭。

4.4 信号

4.4.1 预警信号

可采用音响和/或灯光预警信号。音响预警信号持续时间应不短于 5 s,并与报警信号有明显区别；灯光预警信号应采用黄色,并在司机视野范围内清晰可见。

4.4.2 报警信号

应同时具有音响和灯光报警信号。在司机耳边所测得的音响报警信号不得低于 80 dB(A),并与环境噪音有明显区别；灯光报警信号应采用红色,并在司机视野范围内清晰可见。

4.5 显示误差

二次仪表的显示误差在试验室条件下不应超过 ±3%,装机条件下不应超过 ±5%。

显示误差按下式计算：

$$显示误差 = \frac{显示值 - 实测值}{实测值} \cdot 100\% \qquad (1)$$

4.6 综合误差

4.6.1 二次仪表的综合误差应不大于 ±5%。

综合误差按下式计算：

$$综合误差 = \frac{实际起重量 - 额定(设定)起重量}{额定(设定)起重量} \times 100\% \qquad (2)$$

4.6.2 设定起重量的调整要考虑二次仪表的综合误差,在任何情况下,二次仪表的动作点不得大于110%额定起重量。设定起重量宜调整在(100~105)%额定起重量之间。

4.7 耐振动性能

二次仪表应能承受起重机正常工作所引起的振动,不得因振动而导致零部件的松动、脱落、破损,导线不得断开。

4.8 耐电压波动能力

二次仪表在以下波动范围内应正常工作。

a)外接电网供电:(-15~+10)%额定电压;

b)蓄电池供电:(-15~+35)%额定电压。

4.9 绝缘性能

二次仪表的绝缘电阻不应低于1 MΩ。

4.10 可靠性

4.10.1 首次故障前工作时间

二次仪表在产品规定的技术条件下使用,首次故障前平均工作时间应为500 h。

4.10.2 可靠性时间

可靠性时间应为3 000 h。

4.10.3 使用寿命

二次仪表的使用寿命应为15 000 h。

4.11 抗干扰性

二次仪表应具有抗干扰措施。

4.12 防护等级

二次仪表的防护等级应符合GB 4208的规定,室内安装部分不得低于IP42,室外安装部分不得低于IP65。

4.13 控制回差

在起重机超负荷时,二次仪表控制电路动作,不应因其控制回差影响起重机的正常作业。

4.14 外观及其他

4.14.1 液晶数码显示型,其数字显示亮度均匀,无缺笔画现象,代表的工况参数应在仪表面板上注明。

4.14.2 液晶汉字显示型,其文字笔画显示应清晰明显,明暗对比应在仪表上随时可调整,无缺笔画现象,工况参数应在仪表显示屏上显示。

4.14.3 主机仪表外观整洁美观,数字或文字显示清晰,无影响读数的缺陷。

4.14.4　仪表上开关、旋钮或按键应灵活可靠,其位置设置应方便使用。

4.14.5　主机仪表与各部传感器的接线应牢固可靠,接插件及传感器装置的附件应齐全。

5　试验方法

5.1　试验条件

二次仪表试验条件如下:

a)温度(20±5%)℃;

b)室温变化不大于 1℃/h;

c)相对湿度不大于 95%(25℃时);

d)试验应在周围无影响测量的机械振动、冲击、电磁干扰和加速度等情况的环境下进行。

5.2　显示内容、外观及其他检验

用目测法、手动感观法进行检查,应符合 4.2 和 4.14 的要求。

5.3　功能

5.3.1　检测功能

起重机(或试验机)起吊重物后,仪表应自动检测并显示相关数据。

5.3.2　控制功能

将标准重块进行组合,按 4.3.1b)测试二次仪表的控制功能。

5.3.3　试验结果

试验过程中二次仪表应符合 4.3.2～4.3.5 的要求。

5.4　显示误差

采用变动起重量大小的方法来试验显示误差。起重量改变三次分别试验,按 4.5 的方法计算,并满足要求。

5.5　综合误差

起重机(或模拟机)起吊重物后,停止起升,逐渐加载至二次仪表动作,实测起重量。反复试验三次,综合误差应符合 4.6 的要求。

与起重生产厂家新生产的起重机配套的负荷传感器二次仪表,在起重机生产厂家厂内条件下,应进行综合误差的试验。

5.6　耐振动性能

按 GB 12602—1990 中 6.1.3 的要求进行,并符合 4.7 的要求。

5.7　耐电压波动能力

交流供电时,分别施加 110% 和 85% 的额定电压 60 min 和 10 min;蓄电池供电时,分别施加 135% 和 85% 的额定电压 60 min 和 10 min。按 5.4 和 5.5 检测动作误差,并满足 4.5 和 4.6 的要求。

5.8　绝缘性能

选用 500 V 兆欧表,在带电部位和金属外壳之间,测量其绝缘电阻,应符合 4.9 的要求。

5.9　可靠性

可靠性试验与工业性运行试验结合起来进行。在试验中期和后期,按 4.5 和 4.6 分别检测显示误差和综合误差,并满足要求。

5.10　抗干扰性

在二次仪表的供电电源上选加一个脉冲幅值 1 000 V、脉冲宽度(0.1～2)μs、脉冲频率(5～10)Hz 的尖脉冲电压,施加的时间不小于 30 min,在此期间二次仪表应正常工作,显示误差和综合误差分别满足 4.5 和 4.6 的要求。

5.11　控制回差

起重机(或模拟机)起吊重物后,停止起升,逐渐加载直至二次仪表动作,再逐次卸载到额定起重量以下,此时起重机应能正常工作。

6　检验规则

检验分为出厂检验、型式检验。

6.1　出厂检验

6.1.1　二次仪表应逐台进行出厂检验。

6.1.2　检验项目见表 1,全部项目检验合格方可出厂。

检验项目　　　　　　　　　　　　　　　　　　　　(表 1)

序 号	检验项目	技术要求	试验方法	出厂检验	型式检验
1	显示内容	4.2	5.2	+	+
2	外观及其他检验	4.14	5.2	+	+
3	功　能	4.3	5.3	-	+
4	显示误差	4.5	5.4	+	+
5	综合误差	4.6	5.5	+	+
6	耐振动性能	4.7	5.6	+	+
7	耐电压波动能力	4.8	5.7	+	+
8	绝缘性能	4.9	5.8	+	+
9	可靠性	4.10	5.9	+	+
10	抗干扰性	4.11	5.10	-	+
11	控制回差	4.13	5.11	-	+

注:"+"表示应进行的检验项目,"-"表示不检验的项目。

6.2　型式检验

6.2.1　有下列情况之一时,应进行型式检验:

a)新产品定型鉴定时;

b)当设计、工艺、材料有重大改变时;

c)定型产品每两年至少检验一次;

d)国家质量监督机构提出进行型式检验的要求时。

6.2.2　型式检验的项目见表1。

6.2.3　型式检验的抽样基数为三台,随机抽出一台,检验项目全部通过为合格,若有一项未通过,则加倍抽样。加倍抽样的两台均检验通过则判为合格;否则,该批产品判为不合格。

7　标志、包装、运输和贮存

7.1　标志

二次仪表产品铭牌上应标明:

a)产品名称及型号;

b)制造厂家(或商标);

c)所配起重设备类型;

d)显示误差和综合误差及其对起重机的有效适用范围;

e)产品执行标准号;

f)产品编号;

g)出厂年月。

7.2　包装

7.2.1　二次仪表的包装应符合 JB/T 3085 的规定。

7.2.2　二次仪表的随机文件包括:

a)产品安装使用说明书;

b)装箱单;

c)出厂合格证。

7.3　运输

7.3.1　搬动和放置按照运输箱上的标志进行,严格遵守搬运和运输上的一切规定。

7.3.2　不应和易燃、易爆、易腐蚀的物品同车装运。

7.3.3　运输时有防雨、防晒、防撞击和防跌落措施。

7.4　贮存

7.4.1　二次仪表应贮存在温度为(-40～+70)℃,相对湿度不大于 95%,无腐蚀性气体的库房内。

7.4.2　库房应具有良好的通风、隔热、保温、排水、防震、防火等措施。

港口机械　数字式起重力矩限制器

1　范围

本标准规定了港口机械用数字式起重力矩限制器(以下简称力矩限制器)的技术要求、试验方法、检验规则、标志、包装、运输和贮存等内容。

本标准适用于额定起重量随工作幅度变化的港口机械使用的力矩限制器,其他臂架型起重机使用的力矩限制器可参照执行。

本标准不适用于机械型起重力矩限制器。

2　规范性引用文件

下列文件中的条款通过在本标准的引用而成为本标准的条款。凡是注日期的引用文件,其随后所有的修改单(不包括勘误的内容)或修订版均不适用于本标准,然而,鼓励根据本标准达成协议的各方研究是否可使用这些文件的最新版本。凡不注日期的引用文件,其最新版本适用于本标准。

GB 4208　　　　　　外壳防护等级(IP 代码)

GB 12602—1990　　起重机械超载保护装置安全技术规范

JB/T 3085　　　　装有电子器件的电力传动控制装置的产品包装与运输规程

3　术语和定义

下列术语和定义适用于本标准。

3.1　额定起重力矩 rated load moment

由设计单位或港口机械制造单位提供的额定起重量所引起的重力与相应工作幅度的乘积为额定起重力矩。

3.2　实际起重力矩 active load moment

港口机械实测总起重量所引起的重力与相应实测工作幅度的乘积为实际起重力矩。

3.3　控制回差 control error

起重机的实际起重力矩达到额定起重力矩后,力矩限制器控制电路动作。当实际起重力矩低于额定起重力矩后,力矩限制器控制状态解除。超载控制与解除控制状态的起重力矩差值,称为载荷控制回差。

3.4　综合误差 combined error

力矩限制器安装在起重机上,动作点偏离设定点的相对误差。

4　技术要求

4.1　工作环境条件

力矩限制器应在下列条件下正常工作:

a)温度:(−20℃～+60)℃;

b)相对湿度:不大于 95%;

c)工作方式:连续。

4.2　显示内容

力矩限制器二次仪表液晶显示屏应显示以下内容:

a)额定起重量,单位为吨(t);　　　　　　b)实际起重量,t;

c)工作幅度,m;　　　　　　　　　　　d)臂架倾角,°;

e)实际起重力矩,t·m;

f)实际起重力矩与额定起重力矩的百分比率。

4.3　功能

4.3.1　力矩限制器应具有检测和控制功能:

a)检测功能:力矩限制器能够实时检测起重机的起重量、工作幅度、臂架倾角、实际起重力矩等数据。

b)控制功能:当起重机的实际起重力矩达到额定起重力矩的90%时,力矩限制器发出音响和/或灯光预警信号;当实际起重力矩达到额定起重力矩的(100～110)%时,延时(1～5)s后,同时发出音响和灯光报警提示信号,并切断相应电源,此时只允许起重机向安全方向运行。

4.3.2　力矩起重器应能区别和处理起重机实际超载与正常作业时吊物起升、制动、运行等产生的动载影响。

4.3.3　力矩限制器正常工作时,应能自动地执行规定的功能,不得增加司机的额外操作。

4.3.4　当力矩限制器本身发生故障时,能发出不同于预警信号和报警信号的提示性信号。

4.3.5　力矩限制器应具备清零功能。起重机作业时,清零功能自动关闭。

4.4　信号

4.4.1　预警信号

可采用音响和/或灯光预警信号。音响预警信号持续时间不应短于5 s,并与报警信号有明显区别;灯光预警信号应采用黄色,并在司机视野范围内清晰可见。

4.4.2　报警信号

应同时具有音响和灯光报警信号。在司机耳边所测得的音响报警信号不得低于80 dB(A),并与环境噪音有明显区别;灯光报警信号应采用红色,并在司机视野范围内清晰可见。

4.5　显示误差

力矩限制器的显示误差在试验室条件下不应超过±3%,装机条件下不应超过±5%。

显示误差按下式计算:

$$显示误差 = \frac{显示值 - 实测值}{实测值} \times 100\% \tag{1}$$

4.6　综合误差

4.6.1　力矩限制器二次仪表的综合误差应不大于±5%。

综合误差按下式计算:

$$综合误差 = \frac{实测起重力矩 - 额定(设定)起重力矩}{额定(设定)起重力矩} \times 100\% \tag{2}$$

4.6.2　设定起重力矩的调整要考虑力矩限制器的综合误差,在任何情况下,力矩限制器的动作点不得大于110%额定起重力矩。设定起重力矩不得大于105%额定起重力矩,宜调整在(100~105)%额定起重力矩之间。

4.7　耐振动性能

对振动较大的港口机械,因起升、回转、行走及其组合运行引起臂架角度变化时,其力矩限制器相应的幅度控制电路动作的回差现象不得影响起重机的正常作业。

力矩限制器不得因港口机械正常工作时的振动而导致零部件的松动、脱落、破损、导线不得断开。

4.8　耐电压波动能力

力矩限制器在以下电压波动范围内应正常工作。

a)外接电网供电:(−15~+10)%额定电压;

b)蓄电池供电:(−15~+35)%额定电压。

4.9　过载能力

力矩限制器的取力传感器应能承受所配用港口机械最大试验载荷。

4.10　可靠性

力矩限制器在规定的使用条件下,累计工作3 000 h不得出现故障。

4.11　抗干扰性

力矩限制器应具有抗干扰措施。

4.12　绝缘性能

力矩限制器的绝缘电阻不应低于1 MΩ。

4.13　防护等级

力矩限制器的防护等级应符合GB 4208的规定,室内安装部分不得低于IP42,室外安装部分不得低于IP65。

4.14　控制回差

在起重机超负荷时,力矩限制器控制电路动作,不应因其控制回差影响起重机的正常作业。

4.15　外观及其他

4.15.1　液晶数码显示型,其数字显示亮度均匀,无缺笔画现象,代表的工况参数应在仪表面板上注明。

4.15.2　液晶汉字显示型,其文字笔画显示应清晰明显,明暗对比应在仪表上随时可调整,无缺笔画现象,工况参数应在仪表显示屏上显示。

4.15.3　主机仪表外观整洁美观,数字或文字显示清晰,无影响读数的缺陷。

4.15.4　仪表上开关、旋钮或按键应灵活可靠,其位置设置应方便使用。

4.15.5　主机仪表与各部传感器的接线应牢固可靠,接插件及传感器装置的附件应齐全。

5　试验方法

5.1　试验条件

试验条件如下:

a)温度(20±5％)℃;

b)室温变化不大于1℃/h;

c)相对湿度不大于95％(25℃);

d)试验应在周围无影响测量的机械振动、冲击、电磁干扰、加速度等情况的环境下进行。

5.2　显示内容、外观及其他检验

用目测法、手动感观法进行检查,应符合4.2和4.15的要求。

5.3　功能

5.3.1　检测功能

起重机(或试验机)起吊重物后,力矩限制器应自动检测并显示相关数据。

5.3.2　控制功能

将标准重块进行组合按4.3.1b)测试力矩限制器的控制功能。

5.4　显示误差

采用变动起重力矩大小的方法来试验显示误差。起重力矩改变三次分别试验,按4.5的方法计算,并满足要求。

5.5　综合误差

起重机(或模拟机)起吊重物后,停止起升,逐渐加载至力矩限制器动作,实测起重力矩。反复试验三次,综合误差应符合4.6的要求。

与起重生产厂家新生产的起重机配套的力矩限制器,在起重机生产厂家厂内条件下,应进行综合误差的试验。

5.6　耐振动性能

按GB 12602—1990中6.1.3的要求进行,并符合4.7的要求。

5.7　耐电压波动能力

交流供电时,分别施加110％和85％的额定电压60 min和10 min;蓄电池供电时,分别施加135％和85％的额定电压60 min和10 min。按5.4和5.5检测显示误

差和综合误差,并满足 4.5 和 4.6 的要求。

5.8　过载能力

对取力传感器施加相当于所配用起重机规定的最大试验载荷(125％额定载荷),连续试验三次,力矩限制器应能正常工作。

5.9　可靠性

可靠性试验与工业性运行试验结合起来进行。在试验中期和后期,按 5.4 和 5.5 分别检测显示误差和综合误差,并满足要求。

5.10　抗干扰性

在力矩限制器的供电电源上选加一个脉冲幅值 1 000 V、脉冲宽度$(0.1\sim2)\mu s$、脉冲频率$(5\sim10)Hz$ 的尖脉冲电压,施加的时间不小于 30 min,在此期间力矩限制器应正常工作,显示误差和综合误差应分别满足 4.5 和 4.6 的要求。

5.11　绝缘性能

选用 500 V 兆欧表,在带电部位和金属外壳之间,测量其绝缘电阻,应符合 4.12 的要求。

5.12　控制回差

起重机(或模拟机)起吊重物后,停止起升,逐渐加载直至力矩限制器动作,再逐次卸载至额定起重量以下,此时起重机应能正常工作。

6　检验规则

检验分为出厂检验、型式检验。

6.1　出厂检验

6.1.1　力矩限制器应逐台进行出厂检验。

6.1.2　检验项目见表1,全部项目检验合格方可出厂。

检验项目　　　　　　　　　　　　　　　　　　(表1)

序　号	检验项目	技术要求	试验方法	出厂检验	型式检验
1	显示内容	4.2	5.2	＋	＋
2	外观及其他检验	4.15	5.2	＋	＋
3	功能要求	4.3	5.3	＋	＋
4	显示误差	4.5	5.4	＋	＋
5	综合误差	4.6	5.5	＋	＋
6	耐振动性能	4.7	5.6	＋	＋
7	耐电压波动能力	4.8	5.7	＋	＋
8	过载能力	4.9	5.8	＋	＋
9	可靠性	4.10	5.9	－	＋

序　号	检验项目	技术要求	试验方法	出厂检验	型式检验
10	抗干扰性	4.11	5.10	—	+
11	绝缘性能	4.12	5.11	+	+
12	控制回差	4.14	5.12	—	+

注:"+"表示应进行的检验项目,"—"表示不检验的项目。

6.2　型式检验

6.2.1　有下列情况之一时,应进行型式检验:

a)新产品定型鉴定时;

b)当设计、工艺、材料有重大改变时;

c)定型产品每两年至少检验一次;

d)国家质量监督机构提出进行型式检验的要求时。

6.2.2　型式检验的项目见表1。

6.2.3　型式检验的抽样基数为三台,随机抽出一台,检验项目全部通过为合格,若有一项未通过,则加倍抽样。加倍抽样的两台均检验通过则判为合格;否则,该批产品判为不合格。

7　标志、包装、运输和贮存

7.1　标志

力矩限制器铭牌上应标明:

a)产品名称及型号;

b)制造厂名(或商标);

c)所配起重设备类型;

d)显示误差和综合误差及其对起重机的有效适用范围;

e)产品执行标准号;

f)产品编号;

g)出厂年月。

7.2　包装

7.2.1　力矩限制器的包装应符合JB/T 3085的规定。

7.2.2　力矩限制器的随机文件包括:

a)产品安装使用说明书;

b)装箱单;

c)出厂合格证。

7.3　运输

7.3.1　搬动和放置按照运输箱上的标志进行,严格遵守搬动和运输上的一切规定。

7.3.2　不应和易燃、易爆、易腐蚀的物品同车装运。

7.3.3　运输时有防雨、防晒、防撞击和防跌落措施。

7.4　贮存

7.4.1　力矩限制器应贮存在温度(−40～＋70)℃,相对湿度不大于 95％,无腐蚀性气体的库房内。

7.4.2　库房应具有良好的通风、隔热、保温、排水、防震、防火等措施。

二、关于起重机安全保护装置的检定规程的说明

由于国内许多生产厂家研制的技术水平和电子元件的质量水平,起重机安全保护装置虽然有了国家标准,但其工业应用的效果不是很理想。2003 年,交通部水运科学研究所为了起重机力矩限制器和起重量限制器普遍存在质量的问题。为此专门成立了课题研究组,在重新起草了产品标准的同时,又起草了相应的计量检定规程,即产品安装后验收的检定标准,2004 年交通出版社出版,2004 年 9月 1 日在全国实施,即 JJG(交通)043—2004《港口机械　负荷传感器二次仪表检定规程》、JJG(交通)044—2004《港口机械　数字式起重力矩限制器检定规程》。下面是这两个检定规程的文本,这是这两个产品的部颁检定规程(唯一的),可作为行业执行的检定规程。

港口机械　负荷传感器二次仪表检定规程

1　范围

本规程适用于港口机械配装的动态拉压式负荷传感器的二次仪表(以下简称二次仪表)的首次检定、后续检定和使用中的检验。

2　引用文献

本规程引用下列文献:

《GB 12602—1990 起重机械超载保护装置安全技术规范》

《JJF 1001—1998 通用计量术语及定义》

《JJF 1059—1999 测量不确定度评定与表示》

《JT/T 586—2004 港口机械 负荷传感器二次仪表》

使用本规程时,应注意使用上述引用文献的现行有效版本。

3　概述

3.1　构造

二次仪表主要由主机仪表、负荷传感器采集与转换装置、信号传输及控制线路、控制报警装置组成。

3.2　工作原理和功能

二次仪表与负荷传感器配套使用,固定安装在港口机械上,不但是桥式起重机、门式起重机等不涉及幅度变化和吊臂长度变化的港口机械的超载安全保护装置(相当于起重量限制器),同时又可实时称量和显示起重机的起重量。

二次仪表的构造和工作原理如下图所示。

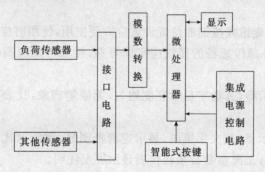

由上图可知,起重机接通电源后,二次仪表内部的微处理器对输入的信号和人工设置的起重机工况参数自动进行计算和判断处理,将需要显示的数据送到显示器,控制信号送入起重机控制部分,不断循环,周而复始,自动保护港口机械在其安全状况下正常作业。

4　计量性能要求

4.1　显示误差

负荷传感器二次仪表的显示误差在试验室条件下不应超过±3％，装机条件下不应超过±5％。

显示误差按下式计算：

$$显示误差 = \frac{显示值 - 实测值}{实测值} \cdot 100\%$$

4.2　综合误差

负荷传感器二次仪表的综合误差不应大于±5％。

综合误差按下式计算：

$$综合误差 = \frac{动作点 - 设定点}{设定点} \times 100\%$$

设定点的调整要考虑装置的综合误差，在任何情况下，二次仪表的动作点不得大于110％额定起重量。设定起重量应调整在100％～105％额定起重量之间。

5　通用技术要求

5.1　外观要求

外观要求如下：

a)二次仪表应显示以下基本工况参数：额定起重量(t)、实际起重量(t)、实际起重量与额定起重量的百分比率；

b)二次仪表应具有预警信号和报警信号。信号的音响和灯光颜色应符合标准要求；

c)表面面漆及加工表面应无碰伤和划痕；

d)二次仪表应有清晰的铭牌，主机仪表外观整洁美观，数字或文字显示清晰，无影响读数的缺陷；

e)仪表上开关、旋钮或按键的位置设置应方便使用，使用时应灵活可靠；

f)主机仪表与各部传感器的接线应牢固可靠，接插件及负荷传感器装置的附件应齐全；

g)液晶数码显示型，其数字显示亮度均匀，无缺笔现象，代表的工况参数必须在仪表面板上显示；

h)液晶汉字显示型，其文字笔画，显示应清晰明显，明暗对比应在仪表上随时可调整，无缺笔划现象，工况参数必须在仪表显示屏上注明。

5.2　标识

二次仪表产品铭牌上应标明产品名称、制造厂名、型号规格、所配起重机型号、产品编号、出厂日期等。

6　计量器具控制

计量器具控制包括首次检定、后续检定和使用中检验。

6.1　检定条件

6.1.1　环境条件

检定的环境条件如下：

a)温度(20±5％)℃；

b)室温变化不大于1℃/h；

c)相对湿度不大于95％(25℃时)；

d)检定应在周围无影响测量的机械振动、冲击、电磁干扰、加速度等情况的环境下进行。

6.1.2　检定设备

标准重块应预先标定。检定用重块可选择最大额定起重量的30％～110％之间的重块进行组合,重块本身的精度不低于1％。

6.2　检定项目

二次仪表的检定项目见表1。

检定项目　　　　　　　　　　　　　　　　　　　　　(表1)

序　号	检定项目	首次检定	后续检定	使用中检验
1	外观要求	＋	－	
2	显示误差	＋	＋	＋
3	综合误差	＋	＋	＋

注："＋"为需要检定的项目,"－"为不需要检定的项目。

6.3　检定方法

6.3.1　外观检查

通过目测、手感测查,应符合5.1的要求。

6.3.2　显示误差

采用变动起重量大小的方法来试验显示误差。起重量改变三次分别试验,显示误差应符合4.1的要求。

首次检定显示误差可在试验条件下检定(不应超过±3％),也可以在装机条件下检定(不应超过±5％)；所续检定和使用中检验宜在装机条件下进行。

6.3.3　综合误差

起重机(或模拟机)起吊重物后,停止起升,逐渐加载至二次仪表动作,实测起重量。反复试验三次,综合误差应符合4.2的要求。

与起重机生产厂家新生产的起重机配套的二次仪表,在起重机生产厂家厂内条件下,应进行综合误差的检定。

进行综合误差检定时,其测试点为二次仪表的设定点。

6.4　检定结果处理

6.4.1　按检定方法的要求,统一格式填写检定结果,见附录A。

6.4.2　经检定符合本规程要求的二次仪表,由检定单位发给送检单位检定合格证书(见附录 B);否则发给检定不合格通知书(见附录 C)。检定不合格的,允许二次仪表生产厂家经过处置后再检定一次;二次检定不合格的,通知送检单位处理。

6.5　检定周期

二次仪表的检定周期应根据实际情况而定。在起重机正常使用时,二次仪表检定周期一般不超一年;在起重机新安装、再安装以及大修后配用的,应及时检定。

附录 A

负荷传感器二次仪表检定记录表

规格型号					生产单位				
出厂编号					出厂日期				
送检单位					配套设备				
检定地点					检定日期				
天气情况		环境温度			相对湿度			电源电压	
外观检查									
显示误差	序号		第1次	第2次	第3次	计算结果	经检定: 　　在装机后,显示误差对起重机的有效范围在最大额定起重量的(_%～100%)范围内可保证规定的误差要求		
	起重量	显示值				误差			
		实测值				平均值			
		误差							
综合误差	序号		第1次	第2次	第3次	误差平均值			
	额定起重量								
	实测起重量								
	综合误差								
检定人员					审核				

附录 B

检定合格证书背面格式

检 定 结 果

序号	检定项目	技术要求	检定结果	结　论
1	外观检查			
2	显示误差			
3	综合误差			
注:下次检定携带此证。				

附录 C

检定不合格通知书面背面格式

检 定 结 果

序号	检定不合格项目	技术要求	检定结果
1			
2			
3			
处理意见及建议:			

港口机械　数字式起重力矩限制器检定规程

1　范围

本规程适用于港口机械或其他起重机械配装的数字式起重力矩限制器(以下简称力矩限制器)的首次检定、后续检定和使用中的检验。

本规程不适用于机械型起重力矩限制器。

2　引用文献

本规程引用下列文献:

《GB 12602—1990 起重机械超载保护装置安全技术规范》

《JJF 1001—1998 通用计量术语及定义》

《JJF 1059—1999 测量不确定度评定与表示》

《JT/T 587—2004 港口机械 数字式起重力矩限制器》

使用本规程时,应注意使用上述引用文献的现行有效版本。

3　术语

3.1　实测值(active value)

臂架型起重机的实际起重量和对应的实际幅度。

3.2　显示值(display value)

实测值在仪表上显示的数值(起重量和幅度)。

3.3　额定(设定)起重力矩(set load moment)

在起重机性能表(或起重机性能曲线)中查得的某一作业半径与相对应的额定载荷之乘积。

3.4　实测起重力矩(active load moment)

用相对应的额定载荷在小于某一作业半径下吊起重物,稳定后缓慢增加幅度到控制断电时停止,此时的实测幅度与对应的额定载荷之乘积。

4　概述

4.1　构造

力矩限制器主要由主机仪表、起重量检测装置、角度传感检测装置、长度传感检测装置、信号传输及控制线路等组成。

4.2　工作原理和功能

力矩限制固定安装在港口机械上,是动臂式(包括定臂式)可变幅度港口机械的超载安全保护装置,同时又可以实时检测港口机械的倾覆力矩,并输出数字信号,其工作原理如下图所示。

由上图可知,起重机接通电源后,力矩限制器内部的微处理器对输入的信号和人工设置的起重机工况参数自动进行计算和判断处理,将需要显示的数据送到显示器,控制信号送入起重机控制部分,不断循环,周而复始,自动保护港口机械在其安全状况下正常作业。

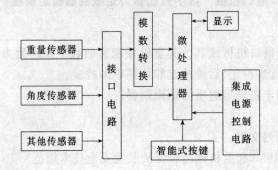

5　计量性能要求

5.1　显示误差

力矩限制器二次仪表的显示误差在试验室条件下不应超过±3%,装机条件下不应超过±5%。

显示误差按下式计算:

$$显示误差=\frac{显示值-实测值}{实测值}\times100\%$$

5.2　综合误差

力矩限制器二次仪表的综合误差不应大于±5%。

综合误差按下式计算:

$$综合误差=\frac{实测起重力矩-额定(设定)起重力矩}{额定(设定)起重力矩}\times100\%$$

设定起重力矩的调整应考虑力矩限制器的综合误差,在任何情况下,力矩限制器的动作点不得大于110%额定起重力矩。设定起重力矩不得大于105%额定起重力矩,宜调整在100%～105%额定起重力矩之间。

6　通用技术要求

6.1　外观要求

外观要求如下:

a)力矩限制器应显示以下基本况参数:额定起重量(t)、实际起重量(t)、工作幅度(m)、臂架倾角(°)、实际起重力矩(t·m)、实际起重力矩与额定起重力矩的百分比率;

b)力矩限制器应具有预警信号和报警信号。信号的音响和灯光颜色应符合标准要求;

c)表面面漆及加工表面应无碰伤和划痕;

d)力矩限制器应有清晰的铭牌,主机仪表外观整洁美观;

e)力矩限制仪表上开关、旋钮或按键的位置应方便使用,使用时应灵活可靠;

f)力矩限制器主机仪表与各部传感器的接线应牢固可靠,接插件及负荷传感器

装置的附件应齐全;

　　g)液晶数码显示型,其数字显示亮度均匀,无缺笔现象,代表的工况参数必须在仪表面板上显示;

　　h)液晶汉字显示型,其文字笔画,显示应清晰明显,明暗对比应在仪表上随时可调整,无缺笔划现象,工况参数必须在仪表显示屏上注明。

6.2　标识

力矩限制器产品铭牌上应标明产品名称、制造厂名、型号规格、所配起重机型号、产品编号、出厂日期等。

7　计量器具控制

计量器具控制包括首次检定、后续检定和使用中检验。

7.1　检定条件

7.1.1　环境条件

检定的环境条件如下:

a)温度(20±5％)℃;

b)室温变化不大于1℃/h;

c)相对湿度不大于95％(25℃);

d)检定应在周围无影响测量的机械振动、冲击、电磁干扰和加速度等情况的环境下进行。

7.1.2　检定设备

7.1.2.1　标准重块应预先标定。检定用重块可选择最大额定起重量的30％~110％之间的重块进行组合,重块本身的精度不低于1％。

7.1.2.2　用于幅度标定和检测的卷尺应能满足港机最大工作幅度的测量。

7.2　检定项目

力矩限制器的检定项目见下表。

序　　号	检定项目	首次检定	后续检定	使用中检验
1	外观要求	+	-	-
2	显示误差	+	+	+
3	综合误差	+	+	+
注:"+"为需要检定的项目,"-"为不需要检定的项目。				

7.3　检定方法

7.3.1　外观检查

通过目测、手感测查,应符合6.1的要求。

7.3.2　显示误差

采用变动起重力矩大小的方法来试验显示误差。起重力矩改变三次分别试验,显示误差应符合 5.1 的要求。

首次检定显示误差可在试验条件下检定（不应超过±3％），也可以在装机条件下检定（不应超过±5％）；后续检定和使用中检验宜在装机条件下进行。

7.3.3　综合误差

起重机（或模拟机）起吊重物后，停止起升，逐渐加载至力矩限制器动作，实测起重力矩。反复试验三次，综合误差应符合 5.2 的要求。

与起重机生产厂家新生产的起重机配套的力矩限制器，在起重机生产厂家厂内条件下，应进行综合误差的检定。

进行综合误差检定时，其测试点选择方法如下：

a）对额定起重量不随幅度变化的起重机，测试点为最大工作幅度点；

b）对额定起重量随幅度变化的起重机，测试点在起重特性表范围内所对应的最少三个点，应包括最大、中间、最小点。

7.4　检定结果处理

7.4.1　按检定方法的要求，统一格式填写检定结果，见附录 A。

7.4.2　经检定符合本规程要求的力矩限制器，由检定单位发给送检单位检定合格证书（见附录 B）；否则发给检定不合格通知书（见附录 C）。检定不合格的，允许力矩限制器生产厂家经过处置后再检定一次；二次检定不合格的，通知送检单位处理。

7.5　检定周期

力矩限制器的检定周期应根据实际情况而定。在起重机正常使用时，力矩限制器检定周期一般不超过一年；在起重机新安装、再安装以及大修后配用的，应及时检定。

附录 A

数字式起重力矩限制器检定记录表

规格型号					生产单位			
出厂编号					出厂日期			
送检单位					配套设备			
检定地点					检定日期			
天气情况		环境温度			相对湿度		电源电压	
外观检查								
显示误差		序号	第 1 次	第 2 次	第 3 次	计算结果	经检定：在装机后，显示误差的有效范围在最大额定起重量的（__％～100％）范围内可保证规定的误差	
	起重量	显示值				误差平均值		
		实测值						
		误差						
综合误差		序号	第 1 次	第 2 次	第 3 次	综合误差平均值		
		额定起重力矩						
		实测起重力矩						
		综合误差						
检定人员					审核			

附录 B

检定合格证书背面格式
检 定 结 果

序号	检定项目	技术要求	检定结果	结　　论
1	外观检查			
2	显示误差			
3	综合误差			
注:下次检定携带此证。				

附录 C

检定不合格通知书面背面格式
检 定 结 果

序号	检定不合格项目	技术要求	检定结果
1			
2			
3			
处理意见及建议			

附件：相关企业及产品介绍之一

岳阳科德科技有限责任公司

该公司主要产品起重电磁铁及电缆卷筒：起重电磁铁是一种以被吸物为"衍铁"的特殊直流电磁铁。按用途分类，起重电磁铁可分为吊运废钢用起重电磁铁、吊运捆扎螺纹钢及圆钢用起重电磁铁、吊运型钢（角钢、槽钢等）用起重电磁铁、吊运圆盘用起重电磁铁、吊运钢板用起重电磁铁、吊运钢带卷用起重电磁铁。

起重电磁铁配套直流电源采用三相桥式硅整流装置。整个设备由自动空气开关、变压器、三相桥式整流组件、直流接触器等主要部件构成；电路设置有短路、过电压等保护措施。需要停电保磁的场合可选配停电保磁设备，作业遇电网突然停电时，自动切换到由蓄电池供电，在设定时间内保证被吸物不致掉落，并可打开卷扬机抱闸，将被吸物安全放下。整流控制设备和电子称配套可实现微机配铁功能。

电缆卷筒被广泛地应用在各种电力移动式起重运输机械。电缆卷筒分为信号电缆卷筒和电力电缆卷筒。电力电缆卷筒按收缆的动力来源分为弹簧式电缆卷筒、力矩电机式电缆卷筒、磁滞式电缆卷筒、重锤式电缆卷筒。

该公司为湖南省高新技术企业、重合同守信用企业、资信优良企业。亚太地区大型电磁设备研发制造基地。

企业网址：www.koder.cn

相关企业及产品介绍之二

上海港安机械有限公司

该公司二十年来专业致力于防风安全装置的研发、生产，现已形成液压弹簧式夹轨器（自动常闭夹轨器）、液压重锤式夹轨器、电动弹簧式夹轨器、防爬器等系列防风产品。

夹轨器的防滑力从 25 kN 直至 800 kN。针对国内土建基础及轨道安装使用情况，在结构上主要有以下两个特点：

1. 常闭设计，夹钳钳口开度大；

2. 采用浮动连接方式，即夹钳座和夹住钢轨的夹钳机构之间没有任何连接，夹钳座和起重机行走机构钢性连接，夹钳机构则依靠其自身车轮始终对称跨骑在钢轨两侧，确保对中导向作用，满足了起重机跑偏而夹钳功能不变的要求（国家专利号为2007200663289）。

防爬器 FPII（电液防风铁楔），选用 ED 型推动器，销轴采用不锈钢，主要摆动铰点均设有自润滑轴承，传动效率高，动作灵敏可靠，寿命长。备有手动释放功能，维护方便。设有释放限位开关，可与主机进行联锁保护。

网址：www.jiaguiqi.com

相关企业及产品介绍之三

江西飞达电器设备有限公司

该公司是专门生产起重机安全保护装置的厂家。主要生产桥门式起重机超载保护装置、启闭机荷重开度仪、天车防碰撞装置和电动葫芦机械式超载保护装置。

该公司生产的桥门机超载保护装置由单片机控制、数字化电路、RS-485 接口，具有抗干扰能力强、信号传输距离远、精度高、性能稳定可靠等特点并有完善的自检系统，可带大屏幕显示器，能使用多种传感器，是 3.2～600 t 桥门式起重机超载保护的理想装置。

该公司生产的 FDHK 型启闭机荷重开度仪由单片机控制、数字化电路，由阻压式传感器取力，绝对编码器测距，可实现对荷重、开度的测量、显示和控制。系列产品 FDHK-1 型只作开度显示和控制；FDHK-2 适合于单吊点启闭机的荷重、开度显示和控制；FDHK-3 则用于双吊点启闭机。

该公司生产的 FD-FD-G1（G2）天车防碰撞装置颇具特色。采用单片机控制技术、数字式距离设定、一键式自动调整、双工作模式、相邻系统无信号串扰，传感器则采用双光源，激光定位，红外线测距，工作稳定可靠。

本装置的检测距离，A 型（单控）为 2～15 m，B 型（双控）2～8 m，8～15 m，最大测量误差为 5%。

该公司生产的 BWL-HL 电动葫芦机械式起载保护装置，由测力环、U 型挂板、楔形接头（或滑轮组件）等构成，具有预警和超载断电功能。由于结构简单、性能稳定可靠、不怕电磁场干扰、重复精度高、反应速度快、易于检修调整、价格低廉，一直深受用户青睐，该产品适合≤16 t 以下的电动葫芦作超载保护之用。

该公司与北京起重运输机械研究所、华东交通大学有技术合作关系，于 2006 年参与了新国标《起重机械超载保护装置》的起草工作。于 2001 年通过 ISO 9001：2000 质量体系认证，是中国重型机械工业协会桥式起重机分会会员单位。

企业网址：www.jxfeida.com

相关企业及产品介绍之四

浙江省水电建筑机械有限公司

该公司现有国家质检总局颁发的超大型弧型、平面闸门，大型压力钢管、拦污栅、清污机,超大型固定卷扬式启闭机,大型移动式启闭机和大型龙门式、门座式、塔式及中型桥式起重机制造、安装、维修等制造许可证并进行其许可证范围内的设备制造等业务,通过了 ISO 9001:2000 管理体系认证。产品远销全国 26 个省、市、自治区,并出口到 16 个国家和地区,广泛应用于全国重点工程建设,如长江三峡永久性船闸工程、淮河蚌埠闸扩建工程、浙江温州珊溪水利枢纽工程、四川岷江紫坪铺水利枢纽工程、浙江省分水江水利枢纽工程、中国河口第一大闸曹娥江拦河大闸和港口、船舶制造企业等。

该公司具有较强的科研、制造能力,系金华市高新技术企业,公司的技术研究开发中心被授予金华市高新技术研究开发中心,承担国家"十五期间重大技术装备科技攻关项目——1×8 000 kN 单吊点双驱动高扬程启闭机"研制,国家科技攻关项目——水面垃圾杂草清除技术设备的研制,浙江省小型水库防洪抢险设备——防洪抢险车的研制等 5 个科技攻关项目。获浙江省科技进步二等奖、三等奖和浙江省水利科技进步奖多项,是浙江省水利水电高等专科学校、浙江同济职业技术学院、金华市高级技工学校等大专院校实习基地。

"钱江潮"商标被东阳市和金华市评为"知名商标"和"著名商标",该公司生产的"钱江潮"牌水工金属结构件和起重机被金华市评为名牌产品,几年来先后获得全国"水利先进单位"、全国"优秀水利企业"、浙江省"十佳职业道德建设先进单位"、浙江省和东阳市"劳动保障诚信企业"、浙江省"守信用企业"、"东阳市五十强工业企业"等称号。

网址:www.zjsd.com.cn

相关企业及产品介绍之五

宜昌三大电子厂

该厂生产的起重机力矩限制器在 1993 年通过劳动部产品定型检验,1995 年全国最早推出智能型产品,获首届全国安全与节能新技术新产品优秀产品奖,是湖北宜昌市研制此产品的源头单位。力矩限制器、起重量限制器产品的型式试验由辽宁省安科院检验通过并核发新证,国家质量监督检疫总局备案认可。该厂是此类产品的专业生产厂家。

该厂是起草部颁行业标准 JT/T 587—2004《港口机械　数字式起重力矩限制器》和部颁检定规程 JJG(交通)044—2004《港口机械　数字式起重力矩限制器检定规程》的起草单位。针对作业速度较快的港机特点和要求,该厂对相关产品改进和完善并适合于港机使用。能动态显示港机的工作幅度、吊臂角度、额定起重量、实际起重量、负荷百分率,当起重量达到或超过允许的范围时,能自动报警或自动停止向危险方向运行,可与港口各种起重机配套使用;对于水电、火电工程上安装用的各种不同类型起重机更无问题,可替代进口的同类产品。产品为全国用户和各水电、火电建设单位起重设备长期安装服务,因起重机超载保护装置系列产品质量稳定,2005 年获全国质量、信誉双保障示范单位称号。

智能型起重机力矩限制器(起重量限制器)具有"黑匣子"功能(特别情况时作为分析事故的主要依据之一)和时钟功能。智能型易操作,简便快捷。

主要产品有:起重机力矩限制器、起重量限制器、缆索起重机支索器故障检测装置、钻机水平深度监控仪、起重机水平检测仪等。

该厂研制生产的大型缆索起重机支索器故障监测装置已先后在三峡工程开发总公司和云南小湾水电工程建设管理局的进口缆机上应用,该装置已获得两项专利权,2006 年湖北省科技部组织的专家组鉴定"此项技术成果为国内领先"。

该厂是三峡大学的具有独立法人资格的科技产业实体,有人才密集和科研成果的优势。

网址:http://www.Ljxz.cn

参 考 文 献

[1] 李泰国.安全工程技术与管理技术 [M].北京：机械工业出版社，2003.

[2] 王还枝.起重机安全技术，[M]北京：化学工业出版社. 2004.

[3] 何焯.设备起重吊装工程便携手册[M].北京:机械工业出版社,2002.

[4] 孙桂林.起重安全[M].北京:中国劳动出版社,1990.

[5] 陈道南,过玉卿,等.起重运输机械[M].北京:机械工业出版社,1982.

[6] 中华人民共和国交通部.港口机械标准四项[M].北京:人民交通出版社,2004.

[7] 中华人民共和国交通部.港口机械计量检定规程汇编(一)[M].北京:人民交通出版社,2004.

后　记

1. 此书的出版，反映了我国起重机的安全保护技术从落后到先进，经过几十年的发展，现在已上了一个新的台阶。

此书的出版，为高等院校的相关专业、设计部门和使用单位从事起重机的安全保护产品选型、起重机安装、起重机维修管理提供了较系统的参考依据；对于加强全国特种设备的管理，从新的理论认识着手，有实际可行的实例作为参考。

2. 本书第一编著人是从事大型起重机（各类上百台）管理、使用、修理工作十多年的专业工程师，后来又是从事起重机安全保护装置产品开发研制十多年的人员，曾经起草编写了相关标准和规范，先后成为了水利部、电力部和交通部的部颁规程和部颁标准，并已先后出版发行实施。第二编著人是起重机械方面的资深教授和专家，此书的指导性和实用性较强。

3. 中国机械学会物流工程分会副理事长、太原科技大学的王鹰教授作为本书主审，对全书内容进行了审核；第二编著人太原科技大学文豪教授编写了第一章，并对全书进行了审核；其他内容由三峡大学高级工程师王善樵编著。在第二章的第二节行程限位器中，文焕炳同志参与了部分编写，在第三节防风装置中，潘正文同志参与了部分编写，第九节电气保护装置中，张理科、刘文明同志参与了编写，最后由王善樵统稿修改，感谢他们的参与合作。为使起重机安全保护技术得到系统地研究并独立成书，本书编著中所注明文献中的相关资料，对部分内容予以了选用和修改，在此对相关作者表示诚挚的谢意。

4. 任何专业技术书籍都有它的局限性，此书亦不例外，由于编著人水平有限，错漏和不足之处在所难免，科学技术发展很快，有的地方可能还不能够满足起重机行业各方面人员的实际需要，敬请读者及业界专家及教授批评指正，以便再版时修改完善。

本书的出版，得到铁道出版社的大力支持，在此表示特别的诚挚谢意。

王善樵
2008 年 12 月 8 日于三峡大学